虚拟现实技术与应用研究

孙红云 著

吉林科学技术出版社

图书在版编目（CIP）数据

虚拟现实技术与应用研究 / 孙红云著. -- 长春：
吉林科学技术出版社, 2023.3
ISBN 978-7-5744-0269-0

Ⅰ. ①虚… Ⅱ. ①孙… Ⅲ. ①虚拟现实—研究 Ⅳ.
TP391.98

中国国家版本馆 CIP 数据核字(2023)第 062212 号

虚拟现实技术与应用研究

著　　　　孙红云
出 版 人　宛　霞
责任编辑　冯　越
封面设计　易出版
制　　版　易出版
幅面尺寸　185mm×260mm
开　　本　16
字　　数　250 千字
印　　张　11
印　　数　1–1500 册
版　　次　2023年3月第1版
印　　次　2024年1月第1次印刷

出　　版　吉林科学技术出版社
发　　行　吉林科学技术出版社
地　　址　长春市福祉大路5788号
邮　　编　130118
发行部电话/传真　0431-81629529 81629530 81629531
　　　　　　　　　81629532 81629533 81629534
储运部电话　0431-86059116
编辑部电话　0431-81629518
印　　刷　廊坊市印艺阁数字科技有限公司

书　　号　ISBN 978-7-5744-0269-0
定　　价　88.00元

前　言

　　虚拟现实（Virtual Reality，简称 VR）技术是一种可以创建和体验虚拟世界的计算机仿真系统，它利用计算机生成与一定范围真实环境在视、听、触感等方面高度近似的数字化环境，用户借助必要的设备与虚拟环境中的对象进行交互作用、相互影响，从而产生身临其境的感受和体验。虚拟现实技术与互联网、多媒体技术并称为 21 世纪的三大关键技术，是集成了多学科、多技术的一门综合性技术，具有多感知、可视化、三维建模、交互性，沉浸性、构想性等特点，不仅在军事、航空航天等尖端领域得到运用，而且在教育培训、工业制造、规划设计、交通仿真、医疗健康、游戏娱乐等众多领域广泛应用。

　　虚拟现实技术是近年来应用开发十分活跃的技术，游戏和影视领域的应用需求正驱动着虚拟现实技术的快速发展。随着价格的降低和设备的普及，虚拟现实市场不断繁荣扩张，虚拟现实内容制作人才需求量巨大。

　　基于当前 VR 的发展现状，全书主要介绍了 VR 系统的硬件设备，包括 VR 感知设备，交互设备，跟踪设备和虚拟世界生成设备；VR 系统的相关技术等。希望本书的出版有助于推动 VR 技术的普及，让更多人关注 VR 技术的应用与开发。

　　本书适合作为普通高等院校工程技术类、设计类、多媒体类、计算机应用类等相关专业"虚拟现实技术"课程的教学参考书，也可供从事虚拟现实技术研究、开发和应用的从业人员、虚拟现实爱好者学习参考。

目　录

第一章　虚拟现实概述

第一节　虚拟现实的基本概念

在《庄子·齐物论》中记载了"庄周梦蝶"的故事：庄周梦见自己变成蝴蝶，很生动逼真的一只蝴蝶，感到多么愉快和惬意啊！不知道自己原本是庄周。突然间醒过来，惊惶不定之间方知原来是我庄周。不知是庄周梦中变成蝴蝶呢，还是蝴蝶梦见自己变成庄周呢？"庄周梦蝶"是庄子借由其故事所提出的一个哲学论点，其探讨的哲学课题是作为认识主体的人究竟能不能确切地区分真实和虚幻。随着科学技术的发展，这种"虚"与"实"的辩证关系得到了进一步的诠释。虚拟现实（Virtual Reality，VR）是利用计算机模拟产生一个三维空间的虚拟世界，提供使用者关于视觉、听觉、触觉等感官的模拟，可以直接观察、操作、触摸、检测周围环境及事物的内在变化，并能与之发生"交互"作用，使人和计算机很好地"融为一体"，给人一种"身临其境"的感觉，可以实时、没有限制地观察三维空间内的事物。

虚拟现实是一项综合集成技术，涉及计算机图形学、人机交互技术、传感技术、人工智能、计算机仿真、立体显示、计算机网络、并行处理与高性能计算等技术和领域，它用计算机生成逼真的三维视觉、听觉、触觉等感觉，使人作为参与者通过适当的装置，自然地对虚拟世界进行体验和交互作用。使用者进行位置移动时，电脑可以立即进行复杂的运算，将精确的3D世界影像传回，产生临场感。中华人民共和国国务院发布的《国家中长期科学和技术发展规划纲要（2006～2020年）》中提到大力发展虚拟现实这一前沿技术，重点研究心理学、控制学、计算机图形学、数据库设计、实时分布系统、电子学和多媒体技术等多学科融合的技术，研究医学、娱乐、艺术与教育、军事及工业制造管理等多个相关领域的虚拟现实技术和系统。2009年2月，美国工程院评出21世纪14项重大科学工程技术，虚拟现实技术是其中之一。

概括地说，虚拟现实是人们通过计算机对复杂数据进行可视化操作与交互的一种全新方式，与传统的人机界面以及流行的视窗操作相比，虚拟现实在技术思想上有了质的飞跃。虚拟现实中的"现实"是泛指在物理意义上或功能意义上存在于世界上的任何事物或环境，它可以是实际上可实现的，也可以是实际上难以实现的或根本无法实现的。而"虚拟"是指用计算机生成的意思。因此，虚拟现实是指用计算机生成的一种特殊环境，人可以通过使用各种特殊装置将自己"投射"到这个环境中，并操作、控制环境，实现特殊的目的，即人是这种环境的主宰。虚拟现实不但在军事、医学、设计、考古、艺术以及娱乐等诸多领域得到越来越多的应用，而且带来巨大的经济效益。在某种意义上说它将改变人们的思维方式，甚至会改变人们对世界、自己、空间和时间的看法。它是一项发展中的、具有深远的潜在应用方向的新技术，正成为缉理论研究和实验研究之后第三种认识、改造客观世界的重要手段，通过虚拟环境所保证的真实性，用户可以根据在虚拟环境中的体验，对所关注的客观世界中发生的事件做出判断和决策，虚拟现实开辟了人类科研实践、生产实践和社会生活的崭新图式。

虚拟现实概念和研究目标的形成与相关科学技术，特别是计算机科学技术的发展密切相关。计算机的出现给人类社会的许多方面都带来极大的冲击，它的影响力远远地超出了技术的范畴。计算机的出现和发展已经在几乎所有的领域都得到了广泛的应用，甚至可以说计算机已经成为现代科学技术的支柱。当我们对目前已取得的信息技术的成就进行分析时，既要充分肯定历史上的各种计算机所发挥过的重要作用，又要客观地认识到现有计算机应用的局限性和不足之处。人们目前使用冯·诺依曼结构的计算机，必须把大脑中部分属于并发的、联想的、形象的和模糊的思维强行翻译成计算机所能接受的串行的、刻板的、明确的和严格遵守形式逻辑规则的机器指令，这种翻译过程不仅是十分繁琐和机械的，而且技巧性很强，同时还要因不同的机器而异。机器所能接受和处理的也仅仅是数字化的信息，未受过专业化训练的一般用户仍很难直接使用这种计算机。因此，在真正向计算机提出需求的用户和计算机系统之间存在着一条鸿沟，被求解的问题越综合、越形象、越直觉、越模糊，则用户和计算机之间的鸿沟就越宽。人们从主观愿望出发，十分迫切地想与计算机建立一个和谐的人机环境，使我们认识客观问题时的认识空间与计算机处理问题时的处理空间尽可能地一致。把计算机只善于处理数字化的单维信息改变为计算机也善于处理人能所感受到的、在思维过程中所接触到的、除了数字化信息之外的其他各种表现形式的多维信息。

计算机科学工作者有永恒的三大追求目标：使计算机系统更快速、更聪明和更适人。硬件技术仍将得到飞速的发展，但已不是单纯地提高处理速度，而是在提高处理速度的同时，更着重于提高人与信息社会的接口能力。正如美国数学家、图灵奖得主 Richard Hamming 所言：计算的目的是洞察，而不是数据[①]。人们需要以更直观的方式

---

① The purpose of computing is insight, not numbers.

去观察计算结果、操纵计算结果，而不仅仅是通过打印输出或屏幕窗口显示计算结果的数据。另一方面，传统上人们通过诸如键盘、鼠标、打印机等设备向计算机输入指令和从计算机获得计算结果。为了使用计算机，人们不得不首先熟悉这些交互设备，然后将自己的意图通过这些设备间接地传给计算机，最后以文字、图表、曲线等形式得到处理结果。这种以计算机为中心、让用户适应计算机的传统的鼠标、键盘、窗口等交互方式严重地阻碍了计算机的应用。随着计算机技术的发展，交互设备的不断更新，用户必须重新熟悉新的交互设备。实际上，人们更习惯于日常生活中的人与人、人与环境之间的交互方式，其特点是形象、直观、自然，通过人的多种感官接受信息，如可见、可听、可说、可摸、可拿等，这种交互方式也是人所共有的，对于时间、地点的变化是相对不变的。为了建立起方便、自然的人与计算机的交互环境，就必须适应人类的习惯，实现人们所熟悉和容易接受的形象、直观和自然的交互方式。人不仅仅要求能通过打印输出或显示屏幕上的窗口，从外部去观察处理的结果，而且要求能通过人的视觉、听觉、触觉、嗅觉，以及形体、手势或口令，参与到信息处理的环境中去，从而获得身临其境的体验。这种信息处理系统已不再是建立在一个单维的数字化信息空间上，而是建立在一个多维化的信息空间中，建立在一个定性和定量相结合，感性认识和理性认识相结合的综合集成环境中。Myron Krueger研究"人工现实"的初衷就是"计算机应该适应人，而不是人适应计算机"，他认为人类与计算机相比，人类的进化慢得多，人机接口的改进应该基于相对不变的人类特性。

目前CPU的处理能力已不是制约计算机应用和发展的障碍，最关键的制约因素是人机交互技术（Human-Computer Interaction, HCI）。人机交互是研究人（用户、使用者）、计算机以及它们之间相互影响的技术；人机界面（User Interface）是人机交互赖以实现的软硬件资源，是人与计算机之间传递、交换信息的媒介和对话接口。人机交互技术是和计算机的发展相辅相成的，一方面计算机速度的提高使人机交互技术的实现变为可能，另一方面人机交互对计算机的发展起着引领作用。正是人机交互技术造就了辉煌的个人计算机时代（20世纪八九十年代），鼠标、图形界面对PC的发展起到了巨大的促进作用。人机界面是计算机系统的重要组成部分，它的开发工作量占系统的40%~60%。在虚拟现实技术中，人机交互不再仅仅借助键盘、鼠标、菜单，还采用头盔、数据手套和数据衣等，甚至向"无障碍"的方向发展，最终的计算机应能对人体有感觉，聆听人的声音，通过人的所有感官传递反应。虚拟现实技术采用人与人之间进行交流的方式（而不是以人去适应计算机及其设备的方式）实现人与机器之间的交互，根本上改变人与计算机系统的交互操作方式。

自20世纪80年代以来，随着计算机技术、网络技术等新技术的高速发展及应用，虚拟现实技术发展迅速，并呈现多样化的发展势态，其内涵已经大大扩展。现在，虚拟现实技术不仅指那些高档工作站、头盔式显示器等一系列昂贵设备采用的技术，而且包括一切与其有关的具有自然交互、逼真体验的技术与方法。虚拟现实技术的目的在于达到真实的体验和面向自然的交互，因此，只要是能达到上述部分目标的系统就可以称为虚拟现实系统。

第二节　虚拟现实的发展历程

虚拟现实的技术可以追溯到军事模拟，最初的模拟是用来训练飞行员能熟悉地掌握平时和紧急情况下的飞行环境，其实际的训练是通过将飞行员放在一个虚拟的环境中来完成的。这种模拟不仅用来培训喷气式飞机的飞行员，还可以用来培训操纵坦克、武器和其他设备的军事人员。艾德温，林克（Edwin A, Link）是飞行模拟器的先驱。1904年出生，24岁时林克开始学习飞行，同期开始研制飞行训练器。他的家族工厂主要生产钢琴和管风琴。1929年，他运用相关技术制作了一台飞行训练器，可提供俯仰、滚转与偏航等飞行动作，乘坐者的感觉和坐在真的飞机上是一样的。这是世界上最早的飞行模拟器，因为模拟座舱被漆成蓝色，所以被称作"蓝盒子"。在第二次世界大战期间，Link公司生产了上万台的"蓝盒子"，大约每45分钟生产一架，被用来培训新飞行员，大约有30多个国家的50万名飞行员在林克机上进行过训练。

美国多媒体专家Morton Heileg在1955年发表论文"The Cinema of the Future"，认为电影院能够同时提供各种感知，使观众得到更真实的体验。1957年，Morton Heileg研发了一种称为Sensorama的机器，内置5部较短的配套电影，是已知最早的沉浸式、多通道（multimodal）技术的具体应用之一。1992年Howard Rheingold在其一书中描述了使用20世纪50年代生产的Sensorama机器的体验：骑车漫游纽约的布鲁克林区，不仅具有三维立体视频及立体声效果，还能产生振动、风吹的感觉及城市街道的气味，给人非常深刻的印象。1962年，Morton Heilig的专利"考传感仿真器"的发明，有振动、声的感觉。该专利也蕴涵了虚拟现实技术的思想，在一些文献中Morton Heilig也被称为虚拟现实之父。Sensorama是机械式的设备，而非数字化系统，只允许一个观众观看，不能交互。

1965年，由美国的计算机科学家、计算机图形学的奠基者苏泽兰（Ivan Sutherland）发表了一篇名为《终极显示》（The Ultimate Display）的论文。他认为，计算机生成的图像应该非常逼真，以至于计算机生成的场景与真实生活的场景毫无二致。Sutherland的这篇文章给计算机界提出了一个具有挑战性的目标，人们把这篇论文称为研究虚拟现实的开端，因此苏泽兰被称为计算机图形学之父、虚拟现实之父。1966年，苏泽兰在麻省理工学院的林肯实验室开始研制"达摩克里斯之剑"头盔显示器（给用户戴的头盔显示器由于过于沉重，不得不将其悬吊在天花板上，系统因此而得名），它被认为是世界上第一个头盔显示器（Head Mounted Display, HMD），如图1-1所示。它由六个系统组成：一台TX-2型电脑、一个限幅除法器、一个矩阵乘法器、一个矢量生成器、一个头盔和一个头部位位置传感器。为了使头盔显示器显示出图像，苏泽兰采用了阴极射线管。这个系统能够显示具有简单 3D 几何形状的线框图，用户看到的线框图叠加在真实环境之上。1968 年，苏泽兰在哈佛大学的组织下开发出第一个计算机图形驱动的头盔显示器，并且开发了与 HMD 相配的头部位置跟踪系统。这个采用阴极射线管（CRT）作为显示器的 HMD 可以跟踪用户头部的运动，当用户移动位置或转动头部时，用户在虚拟世界中所在的"位置"和应看到的内容也随之发生变化。人们终于通过这个"窗口"看到了一个虚拟的、物理上不存在的，却与客观世界的物体十分相似的三维"物体"的线框图。1970 年，美国的 MIT 林肯实验室研制出了第一个功能较齐全的 HMD 系统。

图 1-1　Ivan　Sutherland 和他的第一个头盔显示器

看到虚拟物体的人们进一步想去控制这个虚拟物体，去触摸、移动、翻转这个虚拟物体。1971 年，Frederick Brooks 研制出具有力反馈的原型系统 Grope-Ⅱ，用户通过操纵一个机械手设备，可以控制"窗口"里的虚拟机械手去抓取一个立体的虚拟物体，并且人手能够感觉到虚拟物体的重量。1975 年，Myron Krueger 提出"Artificial Reality"（人工现实）的概念，并演示了一个称为"Videoplace"的环境。用户面对投影屏幕，摄像机摄取的用户身影轮廓图像与计算机产生的图形合成后，在屏幕上投射出一个虚拟世界。同时用传感器采集用户的动作，来表现用户在虚拟世界中的各种行为。以 VIDEOPLACE 为原型的 VIDEO-DESK 是一个桌面 VR 系统。用户坐在桌边并将手放在上面，旁边有一架摄像机摄下用户手的轮廓并传送给不同地点的另一个用户，两个人可以相互用自然的手势进行信息交流。同样，用户也可与计算机系统用手势进行交互，计算机系统从用户手的轮廓图形中识别手势的含义并加以解释，以便进一步地控制。诸如打字、画图、菜单选择等操作均可以用手势完成。VIDEOPLACE 对于远程通信和远程控制很有价值，如用手势控制远处的机器人等。

1983 年，美国国防部高级研究计划局和美国军队联合实施了仿真网络（Simulation Networking, SIMNET）计划，通过网络把地面车辆（坦克、装甲车）等模拟器连接在一起，形成一个逼真的虚拟战场，进行队组级的协同作战训练和演习。这个尝试的主要动因是为了减少训练费用，而且也为了提高安全性，另外也可减轻对环境的影响（爆炸和坦克履带会严重破坏训练场地）。这项计划的结果是产生了使在美国和德国的二百多个坦克模拟器联成一体的 SIMNET 模拟网络。每个 SIMNET 模拟器是一个独立的装置，它复现 M1 主战坦克的内部，包括导航设备、武器、传感器和显示器等。车载武器、传感器和发动机由车载计算机动态模拟，该计算机还包含整个虚拟战场（最初模拟的是在德国和中欧的 50km×75km 的战场，以后又增加了科威特战区）的数据库备份。所有这些数据库都准确地复现了当地的地形特点，包括植被、道路、建筑物、桥梁等。坦克乘员之间的通信是借助于车内通信系统实现的，而与其他模拟器之间的通信则通过远程网络由语音和电子报文实现。到 1990 年，这个系统包括了约 260 个地面装甲车辆模拟器和飞机飞行模拟器，以及通讯网络、指挥所和数据处理设备等，这些设备和人员分布在美国和德国的 11 个城市。通过这个系统可以训练军事人员和团组，也可对武器系统的性能进行研究和评估。这就是早期的分布交互式仿真系统。分布交互式仿真也称为先进分布仿真，是指以计算机网络为支持，用网络将分布在不同地理位置的不同类型的仿真实体对象联结起来，

通过仿真实体之间的实时数据交换构成一个时空一致、大规模、多参与者协同作用的综合性仿真环境，以实现含人平台、非含人平台间的交互以及平台与环境间的交互，其主要特点体现在分布性、交互性、异构性、时空一致性和开放性等五个方面。

1984 年，麦格里威（M, McGreevy）和哈姆弗瑞斯（J.Humphries）开发了虚拟环境视觉显示器，将火星探测器发回地面的数据输入计算机，构造了三维虚拟火星表面环境。

不断提高的计算机硬件和软件水平，推动虚拟现实技术不断向前发展。1985 年，加州大学伯克利分校的麦格里威研制出一种轻巧的液晶 HMD，并且采用了更为准确的定位装置。同时，Jaron Lanier 与 J.Zimmermn 合作研制出一种称为 DataGlove 的弯曲传感数据手套，用来确定手与指关节的位置和方向。1986 年，美国航空航天管理局 NASA 下属的 Ames 研究中心（Ames Research Center）的 Scott Fisher 等人，基于头盔显示器、数据手套、语音识别与跟踪技术研制出一个较为完整的虚拟现实系统 VIEW（Virtual Interactive Environment Workstation），并将其应用于空间技术、科学数据可视化和远程操作等领域。VIEW 是一个复杂的系统，它由一组受计算机控制的 I/O 子系统组成。这些子系统分别提供虚拟环境所需的各种感觉通道的识别和控制功能。系统跟踪使用者头的位置和方向以达到变换视点的效果。同时，系统还跟踪并识别使用者手及手指的空间移动所形成的手势，来控制系统的行为。VIEW 的声音识别系统可让使用者用语言或声音向系统下达命令。1987 年，美国 Scientific American 发表文章，报道了一种称为 DataGlove 的虚拟手控器。DataGlove 是由 VPL 公司制造的一种光学屈曲传感手套，手套的背面安装有三维跟踪系统，这种手套可以确定手的方向以及

各手指弯曲的程度。该文引起了公众的极大兴趣。

　　基于从20世纪60年代以来所取得的一系列成就，1989年，美国VPL公司创始人之一Jarn Lanier正式提出"Virtual Reality"一词，被研究人员普遍接受，成为这一科学技术领域的专用名称。值得一提的是，虚拟现实在历史上曾有多种称呼，20世纪70年代，M.W.Krueger曾提出"人工现实（Artificial Reality, AR）"，它用来说明由Ivans Sutherland在1968年开创的头盔式三维显示技术以来的许多人工仿真现实；在1984年，美国科幻作家William Gibson提出另一个词"电脑空间（Cyber Space）"，它是指在世界范围内同时体验人工现实；类似的词还有人工环境（Artificial Environments）、人工合成环境（Synthetic Environments）、虚拟环境（Virtual Environments）。我国科学家钱学森、汪成为曾将Virtual Reality翻译为灵境。

　　20世纪90年代一批用于虚拟现实系统开发的软件平台和建模语言出现。1989年Quantum 3D公司开发了Open GVS，1992年Sense8公司开发了"WTK"开发包，为VR技术提供更高层次上的应用。1994年在日内瓦召开的第一届WWW大会上，首次提出了VRML，开始了虚拟现实建模语言相关国际标准的研究制定，后来又出现了大量的VR建模语言，如X3D、Java3D等。

　　1993年IEEE通过了分布交互仿真IEEE 1278-DIS标准。1995年10月，美国国防部制定了一个建模与仿真主计划（Modeling and Simulation Master Plan, MSMP），这个计划明确了建模与仿真工作的发展目标，介绍和定义了建模与仿真的标准化过程，从而确保此过程的通用性、可重用性、可共享性和互操作性。这一目标代表了美国军方的建模与仿真的发展方向。美国军方为加速发展大型的分布式军用信息系统C4ISR（Command, Control, Communication, Computers, Intelligence, Surveillance and Reconnaissance）系统，从高层管理机构开始，强调统一认识、统一行动，在规范化的系统框架下加速发展公共支持技术，提出了高层体系结构（High Lever Architecture, HLA）的概念。HLA主要包括建模规则、模型模板等技术规范，并提供运行时的基本支撑环境，用于支持各类仿真器和仿真模型互操作的分布式仿真。从此，美国军事仿真办公室将研究重点逐渐从DIS转移到HLA，并将HLA作为分布式虚拟战场环境和其他类似的军用仿真应用开发的基础。首次应用HLA体系结构的合成战场环境（Synthetic Threaten Of War, STOW）是由美国国防部高级研究计划局资助的分布交互仿真研究项目，于1997年10月成功地举行了大规模军事演习STOW-97。该系统实现了高分辨率合成战场环境下（包括高分辨率的实体模型、高分辨率地形、高逼真度的环境效果和战场现象）的军事训练演习，演习涵盖了两栖作战、扫雷作战、战区导弹防御、空中打击、地面作战、特种作战、情报通信等各军兵种的作战任务。模拟的战场范围为500公里×750公里，由分散在美、英两国的5个仿真站点组成，包括了3700多个仿真平台、8000多个仿真实体对象。2000年IEEE又通过了

IEEE P1516 HLA标准，同年HLA 1.3成为美军有关系统的强制标准，推动了分布式虚拟现实系统的发展。

波音777飞机的设计是VR技术的应用典型实例，这是近年来引起科技界瞩目的一件工作。波音777飞机由300万个零件组成，所有的设计在一个由数百台工作站组成的虚拟环境中进行，设计师戴上头盔显示器后，可以穿行于设计中的虚拟"飞机"，审视"飞机"的各项设计指标。Caterprillar公司与美国国家超级计算机应用中心合作，进行大型挖掘机的设计。VR技术被用于对新设备的设计方案进行可视化的性能评估。设计人员可以操纵这个虚拟的大型挖掘机。并通过头盔显示器从各个不同角度观察新型机器在运行、操作、挖掘时的状况，以判断在实时运行中机器是否存在不灵活、不协调、不安全的地方。

美国芝加哥大学的电子可视化实验室和交互计算环境实验室应用VR技术创建了一个沉浸式的虚拟儿童乐园，取名为"NICE"。利用头盔显示器或其他三维显示设备，儿童可以在虚拟乐园中遨游太空、建造城市、探索海底、种植瓜果，甚至深入原子内部观察电子的运动轨迹。基于VR技术和高速网络的"虚拟美国国家艺术馆"能够使网上的参观者异地欣赏各种"展品"，获得目睹真实景物的感受。进入其中的"虚拟卢浮宫"，古典雅致的群楼、玻璃金字塔式的入口、女神维纳斯的雕像、栩栩如生的"蒙娜丽莎"体现出虚拟现实技术的魅力。

美国的NASA和ESA（欧洲空间局）成功地将VR技术应用于航天运载器的空间活动、空间站的自由操作和对哈勃望远镜维修的训练中。1993年11月，在第一次执行哈勃任务时，借助于相关VR系统的有力支持，宇航员在实验中成功地从航天飞机的运输舱内取出新的望远镜面板，替换已损坏的MRI面板。1997年7月美国NASA的JPL实验室，根据被"火星探路者"送到火星上的"旅居者"火星车发回来的数据，建立了一个描述火星地形地貌的虚拟火星环境。地面控制人员在虚拟火星环境中控制和操作火星上的"旅居者"离开航天器的跳板，逼近火星上的岩石，进行探测和采样，不断向地面发送火星数据。

增强现实（Augmented Reality, AR），又称增强型虚拟现实（Augmented Virtual Reality），是虚拟现实技术的进一步拓展，它借助必要的设备使计算机生成的虚拟环境与客观存在的真实环境（Real Environment, RE）共存于同一个增强现实系统中，从感官和体验效果上给用户呈现出虚拟对象（Virtual Object）与真实环境融为一体的增强现实环境。增强现实技术具有虚实结合、实时交互、三维注册的新特点，是正在迅速发展的新研究方向。加拿大多伦多大学的Milgram是早期从事增强现实研究的学者之一，他根据人机环境中计算机生成信息与客观真实世界的比例关系，提出了一个虚拟环境与真实环境的关系图谱。美国北卡罗来纳大学的Bajura和南加州大学的Neumann研究基于视频图像序列的增强现实系统，提出了一种动态三维注册的修正方法，并通过实验展示了动态测量和图像注册修正的重要性和可行性。美国麻省理工大学媒体实验室的Jebara等研究实现了一个基于增强现实技术的多用户台球游戏系统。根据计算机视觉原理，他们提出了一种基于颜色特征检测的边界计算模型，使该系统能够辅助多个用户进行游戏规划和瞄准操作。

虚拟现实技术带来了人机交互的新概念、新内容、新方式和新方法，使得人机交互的内容更加丰富、形象，方式更加自然、和谐。虚拟现实技术的一些成功应用越来越显示出，进入21世纪以后，其研究和应用水平将会对一个国家的国防、经济、科研与教育等方面的发展产生更为直接的影响。因此，自20世纪80年代以来，美、欧、日等发达国家和地区均投入大量的人力和资金对虚拟现实技术进行了深入的研究，使之成为了信息时代一个十分活跃的研究方向。

虚拟现实技术是一个综合性很强的，有着巨大应用前景的高新科技，已引起政府有关部门和科学家们的关心和重视。国家攻关计划、国家863高技术发展计划、国家973重点基础研究发展规划和国家自然科学基金会等都把VR列入了重点资助范围。我国军方对VR技术的发展关注较早，而且支持研究开发的力度也越来越大。国内一些高等院校和科研单位，陆续开展了VR技术和应用系统的研究，取得了一批研究和应用成果。其中有代表性的工作之一是在国家863计划支持下，由北京航空航天大学虚拟现实与可视化新技术研究所（现虚拟现实技术与系统国家重点实验室）作为集成单位研究开发的分布式虚拟环境DVENET（Distributed Virtual Environment NETwork）。DVENET以多单位协同仿真演练为背景，全面开展了VR技术的研究开发和综合运用，初步建成一个可进行多单位异地协同与对抗仿真演练的分布式虚拟环境。

第三节 虚拟现实的主要特征

虚拟现实是人们通过计算机对复杂数据进行可视化、操作以及实时交互的环境。与传统的计算机人—机界面（如键盘、鼠标、图形用户界面以及流行的Windows等）相比，虚拟现实无论在技术上还是思想上都有质的飞跃。传统的人—机界面将用户和计算机视为两个独立的实体，而将界面视为信息交换的媒介，由用户把要求或指令输入计算机，计算机对信息或受控对象做出动作反馈。虚拟现实则将用户和计算机视为一个整体，通过各种直观的工具将信息进行可视化，形成一个逼真的环境，用户直接置身于这种三维信息空间中自由地使用各种信息，并由此控制计算机。1993年Grigore C, Burdea在Electro 93国际会议上发表的"Virtual Reality System and Application"一文中，提出了虚拟现实技术的三个特征，即：沉浸性、交互性、构想性。

一、沉浸性

沉浸性又称临场感，指用户感到作为主角存在于模拟环境中的真实程度。虚拟现实技术根据人类的视觉、听觉的生理心理特点，由计算机产生逼真的三维立体图像，在使用者戴上头盔显示器和数据手套等设备后，便将自己置身于虚拟环境中，并可与虚拟环境中的各种对象相互作用，感觉十分逼真，就如同沉浸于现实世界中一般。理想的模拟环境应该使用户难以分辨真假，使用户全身心地投入到计算机创建的三维虚拟环境中，该环境中的一切看上去是真的，听上去是真的，动起来是真的，甚至闻起来、尝起来等一切感觉都是真的，如同在现实世界中的感觉一样。

二、交互性

交互性是指用户对模拟环境内物体的可操作程度和从环境得到反馈的自然程度（包括实时性）、虚拟场景中对象依据物理学定律运动的程度等，它是人机和谐的关键性因素。用户进入虚拟环境后，通过多种传感器与多维化信息的环境发生交互作用，用户可以进行必要的操作，虚拟环境中做出的相应响应，亦与真实的一样。例如，用户可以用手去直接抓取模拟环境中虚拟的物体，这时手有握着东西的感觉，并可以感觉物体的重量，视野中被抓的物体也能立刻随着手的移动而移动。

人机交互是指用户与计算机系统之间的通信，它是人与计算机之间各种符号和动作的双向信息交换。这里的"交互"定义为一种通信，即信息交换，而且是一种双向的信息交换，可由人向计算机输入信息，也可由计算机向使用者反馈信息。这种信息交换的形式可以采用各种方式出现，如键盘上的击键、鼠标的移动、现实屏幕上的符号或图形等，也可以用声音、姿势或身体的动作等。人机界面（也称为用户界面）是指人类用户与计算机系统之间的通信媒体或手段，它是人机双向信息交换的支持软件和硬件。这里的"界面"定义为通信的媒体或手段，它的物化体现是有关的支持软件和硬件，如带有鼠标的图形显示终端。人机交互是通过一定的人机界面来实现的，在界面开发中有时把它们作为同义词使用。美国布朗大学 Andries van Dam 教授认为，人机交互的历史可以分为四个阶段：第一个阶段在 1950 年到 1960 年，计算机以批处理方式执行，主要的操作设备是打孔机和读卡机；第二个阶段从 1960 年一直到 20 世纪 80 年代早期，计算机以分时方式执行，主要的界面是命令行界面；第三个阶段大致从 20 世纪 70 年代早期直到现在仍然还在发展，主要的界面是图形用户界面，主要以鼠标操作那些使用桌面隐喻的界面，界面元素有窗口、菜单、图标等；第四个阶段除了有图形用户界面之外，如姿势识别、语音识别等的先进交互技术的广泛应用，实际上即为所谓的 Post-WIMP 界面。虚拟现实的交互性主要体现在对 Post-WIMP 界面的进一步发展上，是一种以人为中心，自然和谐、高效的人机交互技术。

（一）批处理方式

在计算机发展的初期，人们通过批处理的方式使用计算机，这一阶段的用户界面是通过打孔纸带与计算机进行的交互，输入设备是穿孔卡片，输出设备是行式打印机，对计算机的操作和调试，是通过计算机控制面板上的开关、按键和指示灯来进行。当时人机界面的主要特点是由设计者本人（或部门同事）来使用计算机，采用手工操作和依赖二进制机器代码的交互方式，这只是用户界面的雏形阶段。

（二）命令行方式

20世纪50年代中期，通用程序设计语言的出现为计算机的广泛应用提供了极为重要的工具，也改善了人与计算机的交互。这些语言中逐渐引入了不同层次的自然语言特性，人们可以较为容易地记忆这些语言。在人机界面上出现了用于多任务批处理的作业控制语言（JCL）。1963年麻省理工学院成功地研发了第一个分时系统CTSS，并采用多个终端和正文编辑程序，它比以往的卡片或纸带输入更加方便和易于修改。尤其是在出现交互显示终端后，广泛采用了"命令行"（Command Line Interface, CLI）作业语言，极大地方便了程序员。这一阶段的人机界面特点是计算机的主要使用者——程序员可采用正文和命令的方式和计算机打交道，虽然要记忆许多命令和熟练地敲键盘，但已经可用较多的手段来调试程序，并且了解计算机执行的情况。

（三）图形用户界面

为了摆脱需要记忆和输入大量键盘命令的负担，同时由于超大规模集成电路的发展、高分辨率显示器和鼠标的出现，人机界面进入了图形用户界面（Graphical User Interface, GUI）的时代。20世纪70年代，Xerox公司和PARC研究机构研究出第三代用户界面的雏形，即在装备有图形显示器和鼠标的工作站上采用WIMP（Window, Icon, Menu, Pointing Device）式界面，通过"鼠标加键盘"的方式实现人机对话。这种WIMP式界面以及"鼠标加键盘"的交互方式使交互效率和舒适性都有了很大提高，随后Apple公司的Macintosh操作系统、Microsoft公司的Windows系统和Unix中的Motif窗口系统也纷纷效仿。由于图形用户界面使用简单，不懂计算机程序的普通用户也可以熟练地使用计算机，因而极大地开拓了计算机的使用人群，使之成为近二十年中占统治地位的交互方式。

图形用户界面的主要特点是桌面隐喻、WIMP技术、直接操纵和所见即所得。

桌面隐喻（Desktop Metaphor）：界面隐喻（Metaphor）是指用现实世界中已经存在的事物为蓝本，对界面组织和交互方式的比拟。将人们对这些事物的知识（如与这些事物进行交互的技能）运用到人机界面中来，从而减少用户必需的认知努力。界面隐喻是指导用户界面设计和实现的基本思想。桌面隐喻采用办公的桌面作为蓝本，把图标放置在屏幕上，用户不用键入命令，只需要用鼠标选择图标就能调出一个菜单，用户可以选择想要的选项。

WIMP技术：WIMP界面可以看作是命令行界面后的第二代人机界面，是基于图形方式的。WIMP界面蕴含了语言和文化无关性，并提高了视觉搜索效率，通过菜单、小装饰（Widget）等提供了更丰富的表现形式。

直接操纵：直接操纵用户界面（Direct Manipulation User Interface）是Schneiderman在1983年提出来的，特点是对象可视化、语法极小化和快速语义反馈。

在直接操纵形式下，用户是动作的指挥者，处于控制地位，从而在人机交互过程中获得完全掌握和控制权，同时系统对于用户操作的响应也是可预见的。

所见即所得（WYSIWYG）：也称为可视化操作，使人们可以在屏幕上直接正确地得到即将打印到纸张上的效果。所见即所得向用户提供了无差异的屏幕显示和打印结果。

现有的WIMP界面完全依赖手控制鼠标和键盘的操作，手的交互负担很大，身体的其他部位无法有效参与到交互中来，而且交互过程仍然限制在二维平面，与真实世界的三维交互无法完全对应。随着计算技术的发展，人们对人机交互的方式不断提出更高的要求，希望以更自然舒适，更符合人自身习惯的方式与计算机进行交互，而且希望不再局限于桌面的计算环境。Andries Van Dam于1997年提出了Post-WIMP的用户界面，他指出Post-WIMP界面是至少包含了一项不基于传统的2D交互组件的交互技术的界面。基于以用户为中心的界面设计思想，力求为人们提供一个更为自然的人机交互方式。利用人的多种感觉通道和动作通道（如语音、手写、表情、姿势、视线、笔等输入），以并行、非精确的方式与计算机系统进行交互，可以提高人机交互的自然性和高效性，这种Post-WIMP界面更加适合人与虚拟环境的交互。目前，语音和手写输入在实用化方面已有很大进展，随着模式识别、全息图像、自然语言理解和新的传感技术的发展，人机界面技术将进一步朝着计算机主动感受、理解人的意图方向发展。以三维、沉浸感的逼真输出为标志的虚拟现实系统是多通道界面的重要应用目标。

三、构想性

构想性（Imagination）是指强调虚拟现实技术应具有广阔的可想像空间，可拓宽人类认知范围，不仅可再现真实存在的环境，也可以随意构想客观不存在的甚至是不可能发生的环境。用户沉浸在"真实的"虚拟环境中，与虚拟环境进行了各种交互作用，从定性和定量综合集成的环境中得到感性和理性的认识，从而可以深化概念，萌发新意，产生认识上的飞跃。因此，虚拟现实不仅仅是一个用户与终端的接口，而且可以使用户沉浸于此环境中获取新的知识，提高感性和理性认识，从而产生新的构思。这种构思结果输入到系统中去，系统会将处理后的状态实时显示或由传感装置反馈给用户。如此反复，这是一个学习—创造—再学习—再创造的过程，因而可以说，虚拟现实是启发人的创造性思维的活动。

由于沉浸性、交互性和构想性三个特性的英文单词的第一个字母均为I，所以这三个特性又通常被统称为3I特性。虚拟现实的三个特性生动地说明虚拟现实对现实世界不仅是在三维空间和一维时间的仿真，而且是对自然交互方式的虚拟。具有3I特性的完整虚拟现实系统不仅让人达到身体上完全的沉浸，而且精神上也是完全地投入其中。

第四节　虚拟现实的基本分类

虚拟现实系统按照不同的标准有许多种分类方法。按沉浸程度来分，可分为非沉浸式、部分沉浸式、完全沉浸式虚拟现实系统；按用户沉浸方式来分，可分为视觉沉浸式、触觉沉浸式和体感沉浸式；按用户参与的规模来分，可分为单用户式、集中多用户式和大规模分布式系统等。1994年，保罗·米尔格拉姆（Paul Milgram）和岸野文郎（Fumio Kishi-no）提出了虚实统一体（Reality-Virtuality Continuum）的概念，其中的现实环境（Real Environment，RE）指真实存在的现实世界，虚拟环境（Virtual Environment，VE）指由计算机生成的虚拟世界，增强现实（Augmented Reality，AR）指在现实世界中叠加上虚拟对象，增强虚拟（Augmented Virtuality，AV）指在虚拟世界中叠加上现实对象，混合现实（Mixed Reality，MR）由AR和AV组成，虚实统一体由RE、AR、AV和VE组成。他们将真实环境和虚拟环境分别作为连续统一的两端，位于它们中间的为混合实境，其中靠近真实环境的是增强现实，靠近虚拟环境的则是增强虚拟。

沉浸性是虚拟现实的三大特性之一，目前使用比较多的一种分类方法是既按沉浸程度又按用户规模进行的分类方法。大致分为桌面虚拟现实系统（Desktop VR），沉浸虚拟现实系统（Immersive VR）、增强现实或混合现实系统、分布式虚拟现实系统（Distributed VR）。由于虚拟现实系统的软硬件成本较高，应根据不同用途和需要配置不同的系统，达到不同的沉浸感，避免系统因过于复杂而导致成本太高。例如，用于产品外形造型设计的分布式协同设计系统，重点在于三维数据的快速远程传输和实时渲染，显示高质量的立体图像，而听觉和触觉要求较低，用普通鼠标和键盘进行操作即可达到人机交互的目的。而在虚拟维修中，除图像外，要求多通道的人机交互，以更自然的方式进行机器设备的拆装和维护，需要配备六自由度的空间跟踪器、数据手套、虚拟头盔等。

一、桌面虚拟现实系统

桌面虚拟现实系统使用个人计算机和低档工作站实现仿真，计算机的屏幕作为参与者观察虚拟环境的一个窗口。通过多种外部设备来与虚拟环境交互，并用于操纵在虚拟场景中的各种物体，这些外部设备包括数据手套、眼动仪、三维鼠标、跟踪球、游戏操纵杆、力矩球等。用户虽然坐在监视器前，却可以通过计算机屏幕观察360°范围内的虚拟世界，可通过交互操作平移、旋转虚拟环境中的物体，也可以利用Through Walk功能在虚拟环境中漫游。在桌面虚拟现实系统中，立体视觉效果可以增加沉浸的感觉，一些廉价的三维眼镜和立体观察器、液晶立体眼镜等往往会被采用。声音对任何类型的虚拟现实系统都是很重要的附加因素，是一种重要的人机交互通道。声卡和内部信号处理电路可以用廉价的硬件产生真实性很强的效果。桌面虚拟现实系统常常采用耳机或立体声音箱作为声音的输出设备。有时为了增强桌面式 VR 系统的效果，在桌面式 VR 系统中还可以加入专业的投影设备，以达到增大屏幕观看范围的目的。

桌面虚拟现实系统和沉浸虚拟现实系统之间的主要差别在于参与者身临其境的程度，这也是它们在系统结构、应用领域和成本上都大不相同的原因。参与者坐在监视器前面，通过屏幕观察范围内的虚拟环境，但参与者并没有完全沉浸，因为他仍然会感觉到周围现实环境的干扰。有人认为，如果虚拟现实系统不是沉浸式的，就不能算是真正的虚拟现实，这种争论将持续下去。桌面虚拟现实系统虽然缺乏头盔显示器的那种完全沉浸功能，但因为成本和价格相对来说比较低，使得桌面虚拟现实系统在各种专业应用中具有生命力，特别是在工程、建筑和科学研究领域内。作为开发者和应用者来说，从成本等角度考虑，采用桌面虚拟现实系统往往被认为是从事虚拟现实技术研究工作的初始阶段。

常见的桌面虚拟现实技术有：苹果公司推出的基于静态图像的虚拟现实 QTVR（QuickTime Virtual Reality），将连续拍摄的图像和视频在计算机中拼接起来，从而建立实景化的虚拟空间；虚拟现实造型语言 VRML，采用描述性的文本语言描述基本的三维物体的造型，通过一定的控制，将这些基本的三维造型组合成虚拟场景，当浏览器浏览这些文本描述信息时，在本地进行解释执行，生成虚拟的三维场景。

二、沉浸虚拟现实系统

沉浸虚拟现实系统提供完全沉浸的体验与丰富的交互手段，使用户有一种完全置身于虚拟世界之中的感觉。它通常采用头盔式显示器、洞穴式立体显示等设备，把参与者的视觉、听觉和其他感觉封闭起来，有效屏蔽周围现实环境，并提供一个新的、虚拟的感觉空间，利用空间位置跟踪定位设备、数据手套、其他手控输入设备、声音设备等使得参与者产生一种完全投入并沉浸于其中的感觉，具有高度的实时性和沉浸感，能支持多种输入和输出设备并行工作，是一种高级的、较理想的虚拟现实系统。但许多用户在使用这种 VR 系统时，会产生眩晕、恶心、头痛等不适症状。

桌面虚拟现实系统与沉浸虚拟现实系统之间的主要区别在于参与者身临其境的程度。桌面虚拟现实系统使用彩色显示器和三维立体眼镜来增加身临其境的感觉，沉浸虚拟现实系统则采用头盔显示器等具有封闭特点的设备，屏蔽掉周围的现实环境，使得参与者有一种被虚拟环境包围的感觉。沉浸虚拟现实系统的设备一般都比较昂贵，一般仅供大公司、政府以及大学使用。常用的沉浸虚拟现实系统包括基于头盔显示器的系统、洞穴（CAVE）虚拟现实系统、投影式的虚拟现实系统、远程再现虚拟现实系统等。

（一）洞穴自动虚拟环境

洞穴自动虚拟环境（CAVE Automatic Virtual Environment）是一种完全沉浸虚拟现实系统，由电子视觉研究室（EVL）的 Carolina Cruz-Neira、Daniel J. Sandin 和 Tom DeFanti 于 1991 年共同提出，是伊利诺依斯大学芝加哥分校研究的一个课题。CAVE 所用的显示器是一个由四块或五块屏幕组成的立方体的后投影屏幕，是一个能产生沉浸感的立方空间，如图 1-3 所示。利用立体投影仪把图像信号直接（或通过反射镜反射后）投影到左、中、右三个墙面，地面（或大花板）也用同样的方法投射这四个或五个面就构成了由计算机生成的约 3m×3m×3m 的虚拟空间。它最多允许 10 个人完全投入该虚拟环境。其中一个人是向导，他戴上液晶立体眼镜，利用输入设备（如头盔显示器、位置跟踪器、6 自由度鼠标器、手持式操纵器等）控制虚拟环境；而其他的人使用同样的输入设备，都是被动观察者，他们只是一起前进。所有参与者都带上立体光闸眼镜观看显示器。

图 1-3　CAVE 系统示意图

（二）投影式 VR 系统

投影式 VR 系统也属于沉浸式虚拟环境，但又是另一种类型的虚拟现实经历，参与者实时地观看他们自己在虚拟环境中的形象并参与虚拟环境交互活动。为此使用了一种称为"蓝屏"的特殊效果，面对着蓝屏的摄像机捕捉参与者的形象，这类似于进行电视天气预报时投影一张地图那样的过程。实际上，蓝色屏幕特别适合于运动图像和电视，它可以将两个独立的图像组合成另外一个图像。

在投影式虚拟现实系统中摄像机捕捉参与者的形象，然后将这形象与蓝屏分离，并实时地将它们插入到虚拟境界中显示，再将参与者的形象与虚拟环境本身一起组合后的图像，投射到参与者前面的大屏幕上，这一切都是实时进行的，因而使得每个参与者都能够看到他自己在虚拟景物中的活动情况。在该系统内部的跟踪系统可以识别参与者的形象和手势,例如来回拍一个虚拟球,而且只通过手指就可以改变他们在虚拟环境中的位置,从而使得参与者可以控制该虚拟环境,并与该环境内的各个物体交互作用。一般情况下,参与者需要一个很短的学习过程,然后就能很快地、主动地参与该虚拟环境的活动。

投影式虚拟现实系统对一些公共场合是很理想的,例如艺术馆或娱乐中心,因为参与者不需要任何专用的硬件,而且还允许很多人同时享受一种虚拟现实的经历,

(三) 远程再现虚拟现实系统

我们这里的远程再现是指远程存在和远程沉浸两类相似的虚拟现实系统。远程存在 (Telepresence) 也称为遥现、远程呈现,是一种用虚拟现实技术实现远程复杂控制的技术。高速的桌面计算机、数字摄像机和因特网使得沉浸式远程存在成为可能。远程存在将来自遥远地区的真实物理实体的三维图像与计算机生成的虚拟物体结合起来,是真实世界中物体及事件的实况"遥现"。它是一种虚拟现实技术,用户虽与某个真实场景相隔遥远,但可以通过计算机和电子装置获得足够的感觉显示和交互反馈,恰似身临其境,并可以介入对现场的遥操作。当在某处的操纵者操纵一个虚拟现实系统时,其结果却在远处的另一个地方发生。这种类型的投入要求使用一个立体头盔显示器和两台摄像机,可以提供视频通道。操作者的头盔显示器将它们组合成三维立体图像,这种图像使得操纵者有一种深度感,因而在观看虚拟环境时更清晰。有时操作者可以戴一个头盔,它与远地平台上的摄像机相连,也可以使用操纵杆或其他输入设备对其进行操作。输入设备中的位置跟踪器可以控制摄像机的方向、平移运动,甚至操纵臂或机械手;自动操纵臂可以将力反馈一并提供给操作者;有的还可以通过远地平台的话筒,获得听觉信息。

1996年10月伊利诺斯州立大学芝加哥分校的电子可视化实验室EVL (Electronic Visualization Laboratory) 最早提出了"远程沉浸 (Tele-immersion)"这个术语,用来描述具有沉浸感的一类遥现系统。远程沉浸建立在高速网络的基础上,是协同可视化环境CVE (Collaborative Virtual Environments)、音频、视频会议以及超级计算机及海量数据存储的有机融合。远程沉浸是一种特殊的网络化虚拟现实环境,使用户可以跟远程的参与者共享一个虚拟空间,用户沉浸于一个从远程传输过来的渲染好的三维世界中。远程沉浸侧重人对虚拟环境的感受,遥现侧重人对远程虚拟场景的操作和控制能力,这里我们将远程沉浸和遥现统称为远程再现。

作为一种全新的人-机接口技术,虚拟现实的实质是使用户能与计算机产生的数据空间进行直观的、感性的、自然的交互。在这种意义下,远程存在回避了实时图形仿真技术目前的难点,即高质量彩色图形的生成和实时刷新。远程再现技术对于半自动机器人、无人驾驶车辆和恶劣工况下的各种遥操作等都具有很重要的应用前景。远程再现系统的一个典型应用是视频会议——通过把每位与会者的真实图像与虚拟会场

结合起来，就可以让处于不同地区的与会者坐到同一张会议桌旁进行视频会议（从地理位置的分布性这一角度来看，该类应用也可以归为分布式虚拟现实系统）。

目前有两种比较常用也相对比较成熟的远程再现技术，一是大范围视频会议（Video Conference），二是使用"替身"来描述远程的参与者，称为 avatars。大范围视频会议使用二维全景图像的环绕投影来给观察者一种临场感，这项技术只需要几个视点的正确排列，但缺乏深度感，也无法进行三维交互。第二项技术是使用三维图形制作的替身模型来描述远程的参与者，这种方式较为简单，只需要在本地将模型调出，进行渲染即可，但真实感较差，典型代表是 CAVE6D。CAVE6D 是 CAVE5D 与远程沉浸环境 CAVERNsort 相结合的产物。CAVE5D 由弗吉尼亚大学 ODU（Old Dominion University）和威斯康星-麦迪逊大学 WISC（University of Wisconsin-Madison）联合研制的一个可配置虚拟现实应用框架，它是在 Vis5D 的支持下运作的。Vis5D 是一个强大的图形库，能够提供显示三维数字数据的可视化支持，广泛应用于大气、海洋及其他类似模型的可视化中。VERNsort 是一个用来建造协作式网络应用的开放源码平台，主要为高吞吐量的协作应用（不一定是 CAVE 应用）提供网络支持。另外，它还提供了建造远程沉浸应用的专门模块。由于 CAVERNsoft 的支持，CAVE6D 变成了一个远程沉浸环境，它允许多个用户在虚拟的环境里对超级计算数据进行可视化并与数据进行交互。参与者们不仅以角色的方式进入三维可视化场景中自由漫游，还可以改变可视化参数，如循环矢量、温度、风的速度、鱼群的分布等。CAVE6D 不仅提供了交互式的可视化手段，还提供了让各地参与者协同交流和研究的手段。

三、增强现实系统

增强现实（Augmented Reality，AR），也被称之为混合现实（Mixed Reality，MR）。在沉浸式虚拟现实系统中强调人的沉浸感，即沉浸在虚拟世界中，人所处的虚拟世界与真实世界相隔离，感觉不到真实世界的存在；而增强式虚拟现实系统通过穿透型头盔式显示器将计算机虚拟图像叠加在现实世界之上，它用于增强或补充人眼所看到的东西，为操作员提供与他所看到的现实环境有关的、存储在计算机中的信息，从而增强操作员对真实环境的感受。这种增强的信息可以是真实环境中与真实环境共存的虚拟物体，也可以是关于真实物体的非几何信息。

增强现实将虚拟对象准确"放置"在真实环境中，借助显示设备将虚拟对象与真实环境融为一体，并呈现给使用者一个感官效果真实的新环境。北卡罗来纳大学教堂山分校的 Ronald Azuma 教授认为增强现实系统具有虚实结合、实时交互、三维注册的特点。真实世界和虚拟世界在三维空间中整合的效果在很大程度上依赖于对使用者及其视线方向的精确的三维跟踪，因为计算机随时需要知道用户的手与所操作物体之间的相对位置。只有将显示器中的图像与现实中的物体仔细调校，达到较为精确的重叠时，该类系统才会有用。

常见的增强虚拟现实系统有：基于单眼显示器的系统、基于光学技术的系统、基于视频技术的系统。在基于单眼显示器的系统中，一只眼睛看到显示屏上的虚拟世界，另一只眼睛看到的是真实世界；基于光学技术的系统使用光学融合镜片，该镜片具有部分透光性和部分反射性，既允许真实世界的部分光线透过该镜片，又能将来自图形显示器的光线反射到用户的眼睛，由此实现了真实世界与虚拟世界的叠加。基于视频技术的系统则通过摄像机对真实世界进行图像采样，在图形处理器中将其叠加在虚拟图像上，然后再送回显示器。这种情况下，用户看到的并不是当时的真实环境。

与其他各类虚拟现实系统相比，增强虚拟现实系统使人们可以按日常的工作方式对周围的物体进行操作或研究，但同时又能从计算机生成的环境中得到同步的、有关活动的指导。目前，增强式虚拟现实系统常用于医学可视化、军用飞机导航、设备维护与修理、娱乐、文物古迹的复原等领域。如图1-3所示为基于增强现实的飞机发动机维修，在德国，工程技术人员在进行机械安装、维修、调试时，通过头盔显示器，可以将原来不能呈现的机器内部结构，以及它的相关信息、数据完全呈现出来，并可以按照计算机的提不来进行工作，解决技术难题。战机飞行员的平视显示器，可以将仪表读数和武器瞄准数据投射到安装在飞行员面前的穿透式屏幕上，飞行员不必低头读座舱中仪表的数据，从而可集中精力盯着敌人的飞机或导航偏差。医生做手术时，可戴上透视式头盔式显，示器，这样既可看到做手术现场的真实情况，也可以看到手术中所需的各种资料。德国建筑师利贝斯坎得（Daniel Liberskind）在设计柏林犹太博物馆时，将显示二次大战前该馆现址附近犹太人居住点的地图投射到建筑表面上，使数据空间物质化，变成重新塑造物理空间的力量南澳大学可穿戴计算机实验室开发的Id Software公司《地震》游戏的增强现实版AR Quake（2000）等。ARQuake提供了第一人称射手，允许用户在现实世界中四处运动，同时在计算机生成的世界中玩游戏。它使用了GPS、定向传感器、穿戴式电脑等设备。其他一些增强现实的应用情景。

图1-3　基于增强现实的飞机发动机维修

四、分布式虚拟现实系统

独立的虚拟现实系统可以使动态的虚拟环境栩栩如生，但它们并未解决资源共享问题。在 CAVE 工作室中，处于同一物理空间的所有参与者，可以体验同一个虚拟环境，但许多应用可能要求位于不同物理位置的参与者共享同一个虚拟环境。近年来，计算机、通信技术的同步发展和相互促进成为全世界信息技术与产业飞速发展的主要特征。特别是网络技术的迅速崛起，使得信息应用系统在深度和广度上发生了本质性的变化，分布式虚拟现实系统（Distributed VR，DVR）应运而生。分布式 VR 系统是一种基于网络的虚拟环境，将虚拟环境运行在通过网络连接在一起的多台 PC 或工作站上，位于不同物理位置的多个用户通过网络对同一虚拟世界进行观察和操作，共享同一个虚拟环境和时钟，达到协同工作的目的。参与者通过使用这些计算机，可以不受时空限制地实时交互，同时在交互过程中意识到彼此的存在，甚至协同完成同一件复杂产品设计或进行同一项艰难任务的训练，将虚拟现实的应用提升到了一个更高的境界。

虚拟现实系统之所以在分布式环境下运行，主要原因有 2 个。第一，可以充分利用分布式计算机系统提供的强大计算能力。在虚拟现实应用中，真实感场景的实时生成、实时的交互反馈等往往需要强大的计算能力的支持，很多应用所需的计算能力超出了单台计算机的性能，需要聚合多台计算机的计算机能力共同完成任务。第二，有些应用本身具有分布性。一项任务可能需要位于世界各地的若干人协作完成，彼此之间只能通过网络整合到一起。

分布式虚拟现实系统主要基于两类网络平台：一类是 Internet，另一类是高速专用网络，如美国军方一些用于军事演练的网络平台。根据分布式虚拟现实系统中所运行的共享应用系统的个数，可以把它分为集中式结构和复制式结构。

（一）集中式结构

集中式结构是指采用星形结构在中心服务器上运行一个共享应用系统，中心服务器对多个参加者的输入和输出操作进行管理，允许多个参加者信息共享。某个时刻，只有一个用户可以改变对象状态，并将其发往服务器，然后服务器将改变的状态发给网络上的其他用户。集中式结构的特点是结构简单，容易实现，但是整个系统高度依赖于中心服务器，所有的活动都通过中心服务器来协调，对中心服务器的网络通信带宽有较高的要求，当参加者人数较多时，中心服务器往往会成为整个系统的瓶颈。另外，中心服务器的故障会造成系统的瘫痪，在健壮性、扩展性方面较差。远程会议系统、网上用户游戏常采用这种模式。在一些大型的网络游戏中，游戏服务器往往采用集群方案，通过负载平衡等技术为登录的游戏玩家指派相应的服务器为其提供服务。

（二）复制式结构

复制式结构是指在每个参加者所在的计算机节点上复制包括环境数据库、软件资源等的共享应用系统，网上各个节点完全自治并有相同的数据库，节点之间只传输环境中对象的动态状态信息及突发事件，以此降低网上的通信量。各节点通过接收网上信息维护本地的数据库，保持一致的共享环境。复制式结构的优点是：所需网络带宽较小，尤其是采用组播等技术的复制式虚拟现实系统，一个节点发出的消息只到达订购该节点消息的节点，而不是采用广播的形式，有效地解决了集中式结构中的带宽瓶颈问题。缺点是比集中式结构复杂，在维护共享应用系统中的多个备份的信息或状态一致性方面比较困难，需要有控制机制来保证每个用户得到相同的输入事件序列，以实现共享应用系统中所有备份的同步，并且用户接收到的输出在时间和空间上应具有一致性。该模式多用于军事训练系统中。

目前，分布式虚拟现实系统主要应用于远程虚拟会议、虚拟医学会诊、多人网络游戏、虚拟战争演练等领域。最典型的分布式虚拟现实应用是S1MNET系统，SIMNET由坦克仿真器通过网络连接而成，用于部队的联合训练。通过SIMNET，位于德国的仿真器可以和位于美国的仿真器运行在同一个虚拟世界中，参与同一场作战演习。它的关键是分布交互仿真（Distributed Interactive Simulation，DIS）协议，必须保证各个用户在任意时刻的虚拟环境视图是一致的，而且协议还必须支持用户规模的扩展性。

在欧洲，Salford等大学和空客子公司CIMPA等工业界共十多家单位正联合开展一个名为CoSpaces的欧盟项目，该项目的一个重要目标就是要建立一个远程沉浸的分布式协同设计工作空间，为处在不同地域的设计团队减少长途跋涉进行面对面研讨的次数，从而有效提高合作水平和效率。如图1-4所示为远程研讨飞机设计的示意图，其中不同地域的厂家将各自设计的零部件的模型加入到虚拟的工作空间中进行远程组装、研讨。

图1-4 飞机设计远程研讨

第五节　虚拟现实的研究方向

一、虚拟现实在推演仿真中的应用

现代社会的信息化导致社会生产力水平的高速发展，使得人类在许多领域不断地，越来越多地面临前所未有的困难，而今天又迫切需要解决和突破的问题。例如载人航天、核试验、核反应堆维护、包括新武器系统在内的大型产品的设计研制、多兵种军事训练与演练、气象及自然灾害预报、医疗手术的模拟与训练等。如果按传统方法解决这些问题，必然要花费巨额资金，投入巨大的人力，消耗过长的时间，甚至要承担人员伤亡的风险。虚拟现实技术为这些难题提供了一种全新的解决方式，采用虚拟场景来模拟实际的应用情景，让使用者如同身临其境一般，可以及时、没有限制地观察三维空间内的事物，甚至可以人为地制造各种事故情况，训练参演人员做出正确响应。这样的推演大大降低了投入成本，提高了推演实训时间，保证了人们面对事故灾难时的应对技能，并且可以打破空间的限制方便地组织各地人员进行推演。虚拟演练具有如下优势。

仿真性：虚拟演练环境是以现实演练环境为基础搭建的，操作规则同样立足于现实中实际的操作规范，理想的虚拟环境甚至可以达到使演练人员难辨真假的程度。

开放性：虚拟演练打破了演练空间上的限制，演练人员可以在任意的地理环境中进行分布式演练，身处异地的演练人员通过网络通信设备进入同一虚拟演练场所进行分布交互演练。

针对性：与现实中的真实演练相比，虚拟演练的一大优势就是可以方便地模拟任何情景，将演练人员置于各种复杂、突发环境中去，将现实中较少发生的危险状况模拟出来，从而进行针对性训练，提高自身的应变能力与相关处理技能。

自主性：借助虚拟演练系统，各单位可以根据自身实际需求在任何时间、任何地点组织演练，并快速取得演练结果，进行演练评估和改进。演练人员也可以自发地进行多次重复演练，掌握演练主动权，大大增加演练时间和演练效果。

安全性：在一些具有危险性的培训和训练中，虚拟的演练环境远比现实中安全，演练人员可以在虚拟环境中尝试各种演练方案，短期内反复操作以至熟练掌握，而不会面临任何实际危险，并且可以规避因误操作带来的一切风险。这样，演练人员可以卸去事故隐患的包袱，尽可能极端地进行演练，避免训练事故，从而大幅地提高自身的技能水平，确保在今后实际操作中的人身安全。

典型应用如丰田汽车与曼恒数字联手打造了丰田汽车虚拟培训中心，结合动作捕捉高端交互设备及3D立体显示技术，为培训者提供一个和真实环境完全一致的虚拟环境。培训者可以在这个具有真实沉浸感与交互性的虚拟环境中，通过人机交互设备和场景里所有物件进行交互，体验实时的物理反馈，进行多种实验操作。模拟与训练一直是军事与航天工业中的一个重要课题，这为虚拟现实提供了广阔的应用前景。美国国防部高级研究计划局DARPA自20世纪80年代起一直致力于研究称为SIMNET的虚拟战场系统，以提供坦克协同训练，该系统可联结200多台模拟器。另外利用虚拟现实技术，可模拟零重力环境，以代替现在非标准的水下训练宇航员的方法。

二、虚拟现实在产品设计与维修中的研究

当今世界工业已经发生了巨大变化，大规模人海战术已不适应工业的发展，先进科学技术的应用显现出巨大的威力，特别是虚拟现实技术的应用正对工业进行着一场前所未有的革命。虚拟现实已经被世界上一些大型企业广泛地应用到工业的各个环节，对企业提高开发效率，加强数据采集、分析、处理能力，减少决策失误，降低企业风险起到了重要的作用。在设计领域，虚拟设计涵盖了建造、维护、设备使用、客户需求等传统设计方法无法实现的领域，真正做到产品的全寿期服务。虚拟现实技术的引入，使工业设计的手段和思想发生了质的飞跃，更加符合社会发展的需要，大大缩短设计周期，提高市场反应能力。

虚拟维修是以虚拟现实技术为依托，在由计算机生成的、包含了产品数字样机与维修人员3D人体模型的虚拟场景中，为达到一定的目的，通过驱动人体模型、或者采用人在回路的方式来完成整个维修过程仿真、生成虚拟的人机互动过程的综合性应用技术。目的是通过采用计算机仿真和虚拟现实技术在计算机上真实展现装备的维修过程，增强装备寿命周期各阶段关于维修的各种决策能力，包括维修性设计分析、维修性演示验证、维修过程核查、维修训练实施等。虚拟维修技术可以实现逼真的设备拆装、故障维修等操作，提取生产设备的已有资料、状态数据，检验设备性能，还可以通过仿真操作过程，统计维修作业的时间、维修丁种的配置、维修工具的选择、设备部件拆卸的顺序、维修作业所需的空间、预计维修费用。虚拟维修是虚拟现实技术在设备维修中的应用，突破了设备维修在空间和时间上的限制，具有灵活、高效、经济的特点，可以从多部位多视角观察、重复再现维修过程，甚至进行分布协同，并能方便地更改维修计划和样机方案、实现资源共享重用，尤其适合于人不便进入的场合，如飞机、舰船、装甲车辆、导弹等弹舱和仪器舱，以及核电站等不安全区域中设备的维修预演和仿真。

三、虚拟现实在城市规划中的研究

目前常用的规划建筑设计表现方法主要包括建筑沙盘模型、建筑效果图和维动画，存在各自的不足之处：制作建筑沙盘模型需要经过大比例尺缩小，因此只能获得建筑的鸟瞰形象；三维效果图表现只能提供静态局部的视觉体验；三维动画虽有较强的三维表现力，但不具备实时的交互能力，人只是被动地沿着既定的观察路线进行观

察。虚拟现实系统的沉浸感和互动性不但能够给用户带来强烈、逼真的感官冲击，获得身临其境的体验，能够在一个虚拟的三维环境汇总，用动态交互的方式对未来的规划建筑或城区进行身临其境的全方位的审视。可以从人员距离、角度和精细程度观察建筑；可以选择多种运动模式，如行走飞翔，并可以自由控制浏览的路线；而且在漫游过程中，可以实现多种设计方案、多种环境效果的实时切换比较；还可以通过其数据接口在实时的虚拟环境中随时获取项目的数据资料，方便大型复杂工程项目的规划、设计、投标、报批、管理，有利于设计与管理人员对各种规划设计方案进行辅助设计与方案评审。虚拟现实所建立的虚拟环境是由基于真实数据建立的数字模型组合而成，严格遵循工程项目设计的标准和要求建立逼真的三维场景，对规划项目进行真实的"再现"。用户在三维场景中任意漫游，人机交互，这样很多不易察觉的设计缺陷能够轻易地被发现，减少由于事先规划不周全而造成的无可挽回的损失与遗憾，提高项目的评估质量。运用虚拟现实系统，可以很轻松随意地进行修改，改变建筑高度，改变建筑外立面的材质、颜色，改变绿化密度，只要修改系统中的参数即可，从而加快方案设计的速度和质量，提高方案设计和修正的效率，也节省大量的资金，提供合作平台。

虚拟现实技术能够使政府规划部门、项目开发商、工程人员及公众可从任意角度，实时互动真实地看到规划效果，更好地掌握城市的形态和理解规划师的设计意图，这是传统手段如平面图、效果图、沙盘乃至动画等所不能达到的。对于公众关心的大型规划项目，在项目方案设计过程中，虚拟现实系统可以将现有的方案导出为视频文件用来制作多媒体资料，予以一定程度的公示，让公众真正地参与到项目中来。当项目方案最终确定后，也可以通过视频输出制作多媒体宣传片，进一步提高项目的宣传展示效果。

四、虚拟现实在道路交通方面的研究

随着虚拟现实技术的发展，其在交通领域的应用也逐渐广泛，虚拟现实技术在道路交通中的应用主要在以下几个方面。

（一）交通线路设计规划方案的评估

在规划设计阶段，随意切换多种设计方案进行比较或检查有无设计缺陷，可以是整个规划网络的布局，植被的分布，也可以是单条道路，或建筑物、街道、交通量分析，观察者可以随时查询到相关数据库，如城市人口分布图、资源状况、建筑物、道路属性等。很多不易察觉的设计缺陷能够被轻易发现，大大减少由于考虑不周导致的损失。

（二）道路桥梁设计方面

虚拟公路交通是用虚拟现实技术把包括道路、桥梁、收费站、服务区以及沿途的部分景观，大到整个收费站等完全真实再现。按照要求，可以设置多条相对固定的浏览路线，无需操作，自动播放。还可在后台置入稳定的数据库信息，便于受众对各项技术指标进行实时的查询，周边再辅以多种媒体信息，如工程背景介绍、标段概况、技术数据、截面、电子地图、声音、图像、动画，并与核心的虚拟技术产生交互，从而实现演示场景中的导航、定位与背景信息介绍等诸多实用、便捷的功能。另外，在虚拟环境中可以预演大跨度桥梁要进行的风洞试验、大型堤坝要进行的实物试验。在桥梁和道路规划、设计、施工各个阶段，都可以利用虚拟现实技术，观察桥梁和道路风格与周围环境的协调性，体验驾车通过大桥的变视点、变角度动态感觉；对桥梁、道路、岩土工程、隧道进行仿真和数据采集与处理；材料变形、破坏的模拟等；从而大大增强了复杂地形地貌路线优化及大型复杂结构在静力、动力、稳定、非线性和空间的计算分析能力，提高了勘察设计的自动化程度，能够大大提高工作效率及准确度。

典型应用如北京航空航天大学与山西省交通规划勘探设计院合作研制的"网络化高速公路三维可视化信息系统"，建立了一种网络化、三维可视化高速公路信息管理方式，对高速公路设计前、施工中和竣工后这三个过程进行方案验证、功能展示和信息管理，集高速公路的三维可视化导览、地理信息规划、高速公路设计、建设和养护数据管理、高速公路设计全方位剖面和高速公路多媒体人文景观信息为一体，突出在网络环境下高速公路的三维浏览、公路组成的即时编辑、数据一致性访问和在设计、施工和养护阶段异构数据的存储、管理和分析等。高速公路的三维可视化不仅能改善浏览高速公路信息的视觉效果，提供设计方案建成后的直观形象，更能为决策机构和领导直观、快速地提供决策信息，为深层次分析奠定基础，还能为高速公路后期维护提供原始资料查询与决策。该系统在"大运"高速公路建设中建立了完整的666公里的电子数据资料，形成集设计、施工、养护为一体的信息管理平台，并且将设计资料由纸质转为电子文档，减少图纸存储和人员维护量，易于查询、管理，便于领导和主管部门随时查询养护记录和养护费用、目前道路状况，已正式投入使用三年多的时间。该系统正在山西全省的道路建设中进行推广，已经应用在东山南环、武宿、原太高速公路等，取得了良好效果。

五、虚拟现实在文物保护方面的研究

利用虚拟现实技术，结合网络技术，可以将文物的展示、保护提高到一个崭新的阶段。首先表现在将文物实体通过影像数据采集手段，建立起实物三维或模型数据库，保存文物原有的各项型式数据和空间关系等重要资源，实现濒危文物资源的科学、高精度和永久的保存和文物的多角度展示。其次利用这些技术来提高文物修复的精度和预先判断、选取将要采用的保护手段，同时可以缩短修复工期。通过计算机网络来整合统一大范围内的文物资源，并且通过网络在大范围内利用虚拟技术更加全面、生动、逼真地展示文物，从而使文物脱离时空的限制，实现资源共享，真正成为全人类可以"拥有"的文化遗产。另外，有些文物属于不可移动文物，由于处于交通闭塞的地区，使文物的价值无法发挥出来。虚拟现实技术提供了脱离文物原件而表现其本来的重量、触觉等非视觉感受的技术手段，能根据考古研究数据和文献记载，模拟地展示尚未挖掘或已经湮灭了的遗址、遗存，而不会影响到文物本身的安全。使用虚拟现实技术可以推动文博行业更快地进入信息时代，实现文物展示和保护的现代化。

20世纪90年代，数字博物馆率先在各信息科技大国和重视文化传统的国家兴起。美国率先拨巨款把由政府掌握的博物馆、图书馆、文化与自然遗产等资源上网；法国将卢浮宫上网工程作为重点示范项目；英国、加拿大和澳大利亚已建成了全国性的文化遗产数据库；日本则致力于开发文化遗产的虚拟现实技术。1996年，美国"虚拟遗产网络"（Virtual Heritage Network，VHN），得到联合国教科文组织认可，承担了该组织多个重大项目。2001年，加拿大"遗产信息网络"（Canadian Heritage Information Network，CHIN），与博物馆社群合作，建立加拿大虚拟博物馆（Virtual Museum of Canada，VMC）。2002年，由德国发起，建立"欧洲文化遗产网络"（European Cultural Heritage Network，ECHN），连接各国政府服务机构和遗产机构（2004年有31个参加国）。2000年，IBM东京研究所与日本民族学博物馆合作"全球数字博物馆（Global Digital Museum）计划"。

六、虚拟现实在虚拟演播室中的研究

1978年，Eugene L，提出了"电子布景"（Electro Studio Setting）的概念，指出未来的节目制作，可以在只有演员和摄像机的空演播室内完成，其余布景和道具都由电子系统产生。随着计算机技术与虚拟现实技术的发展，在1992以后虚拟演播室技术真正走向了实用。

虚拟演播室是一种全新的电视节目制作工具，虚拟演播室技术包括摄像机跟踪技术、计算机虚拟场景设计、色键技术、灯光技术等。虚拟演播室技术是在传统色键抠像技术的基础上，充分利用了计算机三维图形技术和视频合成技术，根据摄像机的位置与参数，使三维虚拟场景的透视关系与前景保持一致，经过色键合成后，使得前景中的演员看起来完全沉浸于计算机所产生的三维虚拟场景中，而且能在其中运动，从而创造出逼真的、立体感很强的电视演播室效果。由于背景成像依据的是真实的摄像机拍摄所得到的镜头参数，因而和演员的二维透视关系完全一致，避免了不真实、不自然的感觉。

由于背景大多是由计算机生成的，可以迅速变化，这使得丰富多彩的演播室场景设计可以用非常经济的手段来实现。采用虚拟演播室技术，可以制作出任何想象中的布景和道具。无论是静态的，还是动态的，无论是现实存在的，还是虚拟的。这只依赖于设计者的想象力和三维软件设计者的水平。许多真实演播室无法实现的效果，都可以在虚拟演播室中实现。例如，在演播室内搭建摩天大厦，演员在月球进行"实况"转播，演播室里刮起了龙卷风等。

七、虚拟现实在医学中的研究

临床上，80%的手术失误是人为因素引起的，所以手术训练极其重要。在虚拟环境中，可以建立数字化三维人体，借助于跟踪球、HMD、感觉手套，医学院的学生可以了解人体内部各器官结构，还可以进行"尸体"解剖和各种手术练习。采用虚拟现实技术，由于不受标本、场地等的限制，所以培训费用大大降低。一些用于医学培训、实习和研究的虚拟现实系统，仿真程度非常高。例如，导管插入动脉的模拟器，可以使学生反复实践导管插入动脉时的操作；眼睛手术模拟器，根据人眼的前眼结构创造出三维立体图像，并带有实时的触觉反馈，学生利用它可以观察模拟移去晶状体的全过程，并观察到眼睛前部结构的血管、虹膜和巩膜组织及角膜的透明度等；还有麻醉虚拟现实系统、口腔手术模拟器等。

在虚拟手术过程中，系统可以监测医生的动作，精确采集各种数据，计算机对手术练习进行评价，如评价手术水平的高低、下刀部位是否准确、所施压力是否适当、是否对健康组织造成了不恰当的损害等。这种综合模拟系统可以让医学生和医生进行有效地反复实践操作练习，还可以让他们学习在日常工作中难以见到的病例。虚拟手术使得手术培训的时间大为缩短，同时减少了对实验对象的需求。远程医疗也能够使手术室中的外科医生实时地获得远程专家的交互式会诊，交互工具可以使顾问医生把靶点投影于患者身上来帮助指导主刀外科医生的操作，或通过遥控帮助操纵仪器。这样使专家们技能的发挥不受空间距离的限制。

虚拟手术系统能使医生依靠术前获得的医学影像信息，进而在计算机上模拟出病灶部位的三维结构，最后利用虚拟现实技术建立手术的逼真三维场景，使医生能够在计算机建立的虚拟的环境中设计手术过程和进刀的部位、角度，提高手术的成功率，这对于选择最佳手术方案、减小手术损伤、减少对临近组织损害、提高操作定位精度、执行复杂外科手术和提高手术成功率等具有十分重要的意义。另外，在远距离遥控外科手术、复杂手术的计划安排、手术过程的信息指导、手术后果预测及改善残疾人生活状况，乃至新药研制等方面，虚拟现实技术都能发挥十分重要的作用。早在1985年，美国国立医学图书馆（NLM）就开始人体解剖图像数字化研究，并利用虚拟人体开展虚拟解剖学、虚拟放射学及虚拟内窥镜学等学科的计算机辅助教学。Pieper及Satara等研究者在20世纪90年代初基于两个SGI工作站建立了一个虚拟外科手术训练器，用于腿部及腹部外科手术模拟。这个虚拟的环境包括虚拟的手术台与手术灯，虚拟的外科工具（如手术刀、注射器、手术钳等），虚拟的人体模型与器官等。借助于HMD及感觉手套，使用者可以对虚拟的人体模型进行手术。1995年，在Internet上出现了"虚拟青蛙解剖"虚拟实验，"实验者"在网络上互相交流，发表自己的见解，甚至可以在屏幕上亲自动手进行解剖，用虚拟手术刀一层层地分离青蛙，观察它的肌肉和骨骼组织，与真正的解剖实验几乎一样，浏览者还能任意调整观察角度、缩放图像。

八、虚拟现实技术在康复训练中的研究

康复训练包括身体康复训练和心理康复训练，是指有各种运动障碍（动作不连贯、不能随心所动）和心理障碍的人群，通过在三维虚拟环境中做自由交互以达到能够自理生活、自由运动、解除心理障碍的训练。传统的康复训练不但耗时耗力，单调乏味，而且训练强度和效果得不到及时评估，容易错失训练良机，而结合三维虚拟与仿真技术的康复训练能很好地解决这一问题，并且还适用于心理患者的康复训练，对完全丧失运动能力的患者也有独特效果。

虚拟身体康复训练：身体康复训练是指使用者通过输入设备（如数据手套、动作捕捉仪）把自己的动作传入计算机，并从输出反馈设备得到视觉、听觉或触觉等多种感官反馈，最终达到最大限度的恢复患者的部分或全部机体功能的训练活动。这种训练方法，不但大大节约了训练的人力物力，而且有效增加了治疗的趣味性，激发了患者参与治疗的积极性，变被动治疗为主动治疗，提高治疗的效率。典型应用如虚拟情景互动康复训练系统（Anokan-VR）将患者放置在一个虚拟的环境，通过抠相技术，使患者可在屏幕上看到自己或以虚拟图形式出现，根据屏幕中情景的变化和提示做各种动作，以保持屏幕中情景模式的继续，直到最终完成训练目标。该系统专门为神经、骨科、老年康复和儿童康复开发的虚拟康复治疗系统，能使患者以自然方式与具有多种感官刺激的虚拟环境中的对象进行交互。可提供多种形式的反馈信息，使枯燥单调的运动康复训练过程更轻松、更有趣和更容易。该系统包括了五大模块软件：坐姿训练、站姿平衡训练、上肢综合训练、步态行走训练、患者数据库功能。可通过躯干姿势控制坐站转换、上肢运动、步行、平衡、膝关节与下肢运动训练等多种虚拟游戏，成功应用于中风患者上肢、平衡与步行康复、髋膝关节置换术后康复、多发性硬化、帕金森病、老年痴呆与老年人的一般健身活动等。

虚拟心理康复训练：狭义的虚拟心理康复训练是指利用搭建的三维虚拟环境治疗诸如恐高症之类的心理疾病。广义上的虚拟心理康复训练还包括搭配"脑-机接口系统"、"虚拟人"等先进技术进行的脑信号人机交互心理训练。这种训练就是采用患者的脑电信号控制虚拟人的行为，通过分析虚拟人的表现实现对患者心理的分析，从而制定有效的康复课程。此外，还可以通过显示设备把虚拟人的行为展现出来，让患者直接学习某种心理活动带来的结果，从而实现对患者的治疗。这种心理训练方法为更多复杂的心理疾病指明了一条新颖、高效的训练之路。1994年，Lamson和Meisner将30个恐高症患者置于用虚拟现实技术建构的虚拟高空中，有90%的人治疗效果明显。美国"9.11事件"以后出现大量的创伤后应激障碍的患者，Eifede和Hoffman运用虚

拟现实重现了世贸中心的爆炸场面，并对一个传统疗法失败的患者进行治疗，该患者被成功治愈。另外在痛感较强的牙科手术和其他治疗过程中虚拟疗法能够吸引病人的注意力。"雪世界"是第一种专门用来治疗烧伤后遗症的虚拟环境。在美国西雅图烧伤治疗中心，患者在接受痛苦的治疗过程中可以在虚拟环境中飞越冰封的峡谷，俯视冰冷的河流和飞溅的瀑布，还可以将雪球抛向雪人，观看河中的企鹅和爱斯基摩人的圆顶雪屋。"雪世界"的研发者认为，虚拟现实疗法之所以能够获得成功，主要是它能够把病人的注意力从创伤或病痛上转移到虚拟的世界中来。

九、虚拟现实在地理中的研究

应用虚拟现实技术，将三维地面模型、正射影像和城市街道、建筑物及市政设施的三维立体模型融合在一起，再现城市建筑及街区景观，用户在显示屏上可以很直观地看到生动逼真的城市街道景观，可以进行诸如查询、量测、漫游、飞行浏览等一系列操作，满足数字城市技术由二维GIS向三维虚拟现实的可视化发展需要，为城建规划、社区服务、物业管理、消防安全、旅游交通等提供可视化空间地理信息服务。典型应用如Google Earth。Google Eanh是一个免费的卫星影像浏览软件，它以各种分辨率的卫星影像为原始数据，信息直观清晰，并且具备强劲的三维引擎和超高速率的数据压缩传输，还整合了Google的"本地搜索"、"地图标注"、"GPS导航"等多项服务，为用户提供便捷、免费的通用服务。用户在网上既能鸟瞰世界，又能在虚拟城市中任意游览，甚至可以将所经过的线路以漫游的方式进行录像和回放，实现模拟旅行。新版Google Earth可以让用户探索神秘的太空和海洋，欣赏火星图片和观看地球表面发生的变化。

在水文地质研究中，利用虚拟现实技术沉浸感、与计算机的交互功能和实时表现功能，建立相关的地质、水文地质模型和专业模型，进而实现对含水层结构、地下水流、地下水质和环境地质问题（例如地面沉降、海水入侵、土壤沙漠化、盐渍化、沼泽化及区域降落漏斗扩展趋势）的虚拟表达。真实地再现地下含水层和隔水层的分布、含水层的厚度、空间的变化情况。突破传统方法不直观、不全面的局限，即仅能通过剖面图展示含水层、隔水层的垂向分布特点，在平面图中通过含水层厚度等值线表现含水层的空间分布状况。利用虚拟现实系统的实时变化功能也可以对地下水流的运动变化特征进行虚拟表达，充分展现地下水流的特点，其流向、流速和流量乃至于储存量的变化，特别是人类开采利用地下水对含水系统产生的影响，边界条件对地下水流的约束和控制作用等。通过对地下水水质在天然状态下逐渐变化过程的虚拟，可以确定对地下水水质影响最大的因素，从而更深刻地理解水质变化的机理，为控制水质的恶化，使之向良性循环转化提供依据。还可以真实地表现地下水流中溶质的运移规律和发展趋势，辅助地下水水质管理。通过对地下水位变化的虚拟和土壤层含水量的表达，可以动态地表现地下水位的下降、降落漏斗的扩展与土壤沙化的进程，虚拟研究地下水水位下降与土壤沙化的相互关系和机理，对地下水可持续开发利用和相对减少和减轻可能产生的环境问题有着极为重要的意义。建立地区的蒸发量与土壤水分的关系，根据气候条件和地下水位、地下水水质演变过程进行虚拟，可以不断跟踪和不断预测区域土壤盐渍化的发展过程，为环境的监测和改善管理提供重要的依据。

第二章　虚拟现实的关键技术

第一节　建模技术

设计一个虚拟现实系统，首要的问题是创造一个虚拟环境，这个虚拟环境包括三维模型、场景和三维声音等。在这些要素中，视觉场景提取的信息量最太，反应也最为灵敏，所以创造一个逼真又合理的模型，并且能够实时动态地显示视觉场景是最重要的。虚拟现实系统构建的很大一部分工作也是建造逼真合适的视觉场景的三维模型。

建立模型即创立和管理一个系统的表示。这个系统既可以是单个对象，也可以是对象集合，它的一种表示称为系统的一个模型。系统模型可以用图形或符号定义，也可以完全描述性的定义。建立模型首先要实现的就是对系统的定义，虚拟场景一般是复杂的对象系统，对它的描述必须包括场景中所有对象。三维模型就是用三维图形来定义的系统模型。虚拟环境的建模是整个虚拟现实系统建立的基础，主要包括三维视觉建模和三维听觉建模，视觉建模包括几何建模、运动建模、物理建模和对象行为建模等。

一、几何建模

几何建模是开发虚拟现实系统过程中最基本、最重要的工作之一。虚拟环境中的几何模型是物体几何信息的表示，涉及表示几何信息的数据结构、相关的构造与操纵该数据结构的算法。虚拟环境中的每个物体包含形状和外观两个方面。物体的形状由构造物体的各个多边形、三角形和顶点等来确定，物体的外观则由表面纹理、颜色和光照系数等来确定。因此，用于存储虚拟环境中几何模型的模型文件应该能够提供上述信息。同时，还要满足虚拟建模技术对虚拟对象模型要求的3个常用指标——交互显示能力、交互式操纵能力和易于构造的能力。

对象的几何建模是生成高质量视景图像的先决条件。它是用来描述对象内部固有的几何性质的抽象模型，所表达的内容如下：

第一，对象中基元的轮廓和形状，以及反映基元表面特点的属性，例如颜色。

第二，基元间的连接性，即基元结构或对象的拓扑特性。连接性的描述可以用矩阵、树和网络等。

第三，应用中要求的数值和说明信息。这些信息不一定是与几何形状有关的，例如基元的名称，基元的物理特性等。

从体系和结构的角度来看，几何建模技术分为体素和结构两个方面。体素用来构造物体的原子单位，体素的选取决定了建模系统所能构造的对象范围。结构用来决定体素如何组合以构成新的对象。

几何建模可以进一步划分为层次建模方法和属主建模方法。

（一）层次建模方法

层次建模方法利用树形结构来表示物体的各个组成部分，对描述运动继承关系比较有利。例如，手臂可以描述成由肩关节、大臂、肘关节、小臂、腕关节、手掌和手指构成的层次结构，而手指又可以进一步细分。在层次模型中，较高层次构件的运动势必改变较低层次构件的空间位置，例如，肘关节转动势必改变小臂、手掌的位置，而肩关节的转动又影响到大臂、小臂等。

（二）属主建模方法

属主建模方法的思想是让同一种对象拥有同一个属主，属主包含了该类对象的详细结构。当要建立某个属主的一个实例时，只要复制指向属主的指针即可。每一个对象实例是一个独立的节点，拥有自己独立的方位变换矩阵。以汽车建模为例，汽车的4个轮子有相同的结构，可为之建立一个轮子属主，每次需要轮子实例时，只要创建一个指向轮子属主的指针即可。通过独立的方位交换矩阵，便可以得到各个轮子的方位。这样做的好处是简单高效、易于修改、一致性好。

几何建模在CAD技术中得到了广泛的应用，也为虚拟环境建模技术研究奠定了基础。但是几何建模仅建立了对象的外观，而不能反映对象的物理特征，更不能表现对象的行为，即几何建模只能实现虚拟现实"看起来像"的特征，却无法实现如下虚拟现实的其他特征。

第一，抽象地表示对象中基元的轮廓和形状有利于存储，但使用时需要重新计算，具体的表示可以节省生成时的计算时间，但存储和访问存储所需要的时间和控件开销比较大。具体采用哪一种方法表示取决于对存储和计算开销的综合考虑。

第二，几何模型一般可以表示为层次结构，因此可以使用自顶向下的方法将几个几何对象分解，也可以使用自底向上的构造方法重构一个几何对象。

第三，对象形状（Object Shape）的构造方法有两种：直接测量和构造的方法。直接测量是对三维物体的表面进行测试得到离散三维数据，然后将这些数据用多边形描述从而构造得到多边形。可通过 PRIGS、Starbasc 或 GL.XGL 等图形库创建，但一般都需要一定的建模工具。最简便的方法是使用传统的 CAD 软件——AutoCAD，3ds max 等软件交互地建立对象模型。当然，得到高质量的三维可视化数据库的最好方法是使用专门的 VR 建模工具；另一种构造的方法是直接从某个商品库中选购所需的几何图形，这样可以避免直接用多边形或三角形拼构某个对象外形时烦琐和乏味的过程。

第四，对象外表的真实感主要取决于它的表面反映和纹理，以前通过增加绘制多边形的方法来增加真实感，但是这样会延缓图像生成的速度。现在的图形硬件平台具有实时纹理处理能力，在维持图形速度的同时，可用少量的多边形和纹理增强真实感。纹理可以用两种方法生成，一种是用图像绘制软件交互地创建编辑和储存纹理位图，例如常用的 Photoshop 软件；另一种是用照片拍下所需的纹理，然后扫描得到，或者通过数码相机直接进行拍照得到。

二、运动建模

在虚拟环境中，物体的特性还涉及位置改变、碰撞、捕获、缩放和表面变形等，仅仅建立静态的三维几何体对虚拟视景是不够的。

对象位置包括对象的移动、旋转和缩放。在 VR 中，不仅要涉及绝对的坐标系统，还要涉及每一个对象相对的坐标系统。碰撞检测是 VR 技术的一个重要技术，它在运动建模中经常使用。例如在虚拟环境中，人不能穿墙而入，否则会与现实生活相悖。碰撞检测技术是虚拟环境中对象与对象之间碰撞的一种识别技术。为了节省系统开销（运行时间），常采用矩形边界检测的方法。

三、物理建模

物理建模指的是虚拟对象的质量、重量、惯性、表面纹理（光滑或粗糙）、硬度和变形模式（弹性或可塑性）等特征的建模，这些特征与几何建模和行为法则相融合，形成一个更具有真实感的虚拟环境。物理建模是虚拟现实系统中比较高层次的建模，它需要物理学与计算机图形学配合，涉及力的反馈问题，主要是重量建模、表面变形和软硬度等物理属性的体现。分形技术和粒子系统就是典型的物理建模方法。

（一）分形建模

分形技术分形技术可以描述具有自相似特征的数据集。自相似的典型例子是树，若不考虑树叶的区别，当靠近树梢时，树的细梢看起来也像一棵大树。由相关的一组细梢构成的一根树枝，从一定距离观察时也像一棵大树。当然，由树枝构成的树从适当的距离看时自然是一棵树。虽然这种分析并不十分精确，但比较接近，这种结构上的自相似称为统计意义上的自相似。自相似结构可以用于复杂的不规则外形物体的建模。该技术首先被用于河流和山体的地理特征建模。举一个简单的例子，可以利用三角形来生成一个随机高程（Elevation Data）的地形模型，取三角形 3 边的中点并按顺序连接起来，将三角形分割成4个三角形，同时，给每个中点随机地赋予一个高程值，然后递归上述过程，就可产生相当真实的山体。

分形技术的优点是用简单的操作就可以完成复杂的不规则物体建模，缺点是计算量太大，不利于实时性。因此，在虚拟现实中一般仅用于静态远景的建模。

（二）粒子系统

粒子系统是一种典型的物理建模系统，它是用简单的体素完成复杂运动的建模。粒子系统由大量称为粒子的简单体素构成，每个粒子具有位置、速度、颜色和生命期等属性，这些属性可根据动力学计算和随机过程得到。在虚拟现实中，粒子系统常用于描述火焰、水流、雨雪、旋风和喷泉等现象。在虚拟现实中，粒子系统用于对动态的和运动的物体建模。

四、对象行为建模

在虚拟环境中，除了考虑一个对象的"静态"的3D几何数据，还必须考虑虚拟环境随位置、碰撞、缩放和表面变形等变化而动态产生的变化。比如碰撞检测、力感反馈等。

几何建模与物理建模相结合，可以部分实现虚拟现实"看起来真实、动起来真"的特征，而要构造一个能够逼真地模拟现实世界的虚拟环境，必须采用行为建模方法。行为建模是处理物体的运动和行为的描述。如果说几何建模是虚拟环境建模的基础，行为建模则真正体现出虚拟环境的特征。一个虚拟环境中的物体若没有任何行为和反应，则这个虚拟环境是孤寂的，没有生命力的，对于虚拟现实用户是没有任何意义的。

虚拟现实本质是客观世界的仿真或折射，虚拟现实的模型则是客观世界中物体或对象的代表。而客观世界中的物体或对象除了具有表观特征如外形、质感以外，还具有一定的行为能力，并且服从一定的客观规律。例如，把桌面上的重物移出桌面，重物不应悬浮在空中，而应当做自由落体运动。因为重物不仅具有一定外形，而且具有一定的质量并受到地心引力的作用。又如，创建一个人体模型后，模型不仅具有人体的外观特征，而且还具有在虚拟环境中的呼吸、行走和奔跑等行为能力，甚至可以做出表情反应，也就是说模型应该具有自主性。

行为建模就是在创建模型的同时，不仅赋予模型外形、质感等表观特征，同时也赋予模型物理属性和"与生俱来"的行为与反应能力，并服从一定的客观规律。

如果说几何建模技术主要是计算机图形学的研究成果，那么，物理建模和行为建模则只能是多学科协同研究的产物。例如，山体滑坡现象是一种复杂的自然现象，它受滑坡体构造、气候、地下水位、滑坡体饱水程度、地震烈度以及人类活动等诸多因素的影响和制约。山坡的稳定性还受到水位涨落的影响，要在虚拟现实和计算机仿真中建立山体滑坡现象模型，并客观地反映出其对各种初始条件和边界条件的响应，必须综合岩石力学、工程地质、数学、计算机图形学和专家系统等多个学科的研究成果，才能建立相应的行为模型。

五、3ds max中的建模技术

如前所述，虚拟现实系统要求实时动态逼真地模拟环境，考虑到硬件的限制和虚拟现实系统的实时性的要求，虚拟现实系统的建模与以造型为主的动画建模方法有着显著的不同，虚拟现实的建模大都采用模型分割和纹理映射等技术。目前VR中虚拟场景的构造主要有以下途径：

基于模型的方法和基于图像的绘制方法（IBR）两种。这两种方法都可以在3ds max中加以实现和验证，下面具体展开加以说明。

（一）基于模型的构造方法

3ds max的几何建模方法主要有多边形（Polygon）建模、非均匀有理B样条曲线建模（NURBS）和细分曲面技术建模（Subdivision Surface）。通常建立一个模型可以分别通过几种方法得到，但有优劣和繁简之分。

1. 多边形建模

多边形建模技术是最早采用的一种建模技术，它的思想很简单，就是用小平面来模拟曲面，从而制作出各种形状的三维物体，小平面可以是三角形、矩形或其他多边形，但实际中多是三角形或矩形。使用多边形建模可以通过直接创建基本的几何体，再根据要求采用修改器调整物体形状或通过使用放样、曲面片造型和组合物体来制作虚拟现实作品。多边形建模的主要优点是简单方便和快速，但它难于生成光滑的曲面，故而多边形建模技术适合于构造具有规则形状的物体，如大部分的人造物体。同时，可根据虚拟现实系统的要求，仅仅通过调整所建立模型的参数就可以获得不同分辨率的模型，以适应虚拟场景实时显示的需要。

2. NURBS建模

NURBS是Non-Uniform Rational B-Splines（非均匀有理B样条曲线）的缩写，它纯粹是计算机图形学的一个数学概念。NURBS建模技术是最近几年来三维动画最主要的建模方法之一，特别适合于创建光滑的、复杂的模型，而且在应用的广泛性和模型的细节逼真性方面具有其他技术无可比拟的优势。但由于NURBS建模必须使用曲面片作为其基本的建模单元，所以它也有以下局限性：NURBS曲面只有有限的几种拓扑结构，导致它很难制作拓扑结构很复杂的物体（例如带空洞的物体）；NURBS曲面片的基本结构是网格状的，若模型比较复杂，会导致控制点急剧增加而难于控制；NURBS技术很难构造"带有分支的"物体。

3. 细分曲面技术

细分曲面技术是1998年才引入的三维建模方法，它解决了NURBS技术在建立曲面时面临的困难。它使用任意多面体作为控制网格，然后自动根据控制网格来生成平滑的曲面。细分曲面技术的网格可以是任意形状，因而可以很容易地构造出各种拓扑结构，并始终保持整个曲面的光滑性，细分曲面技术的另一个重要特点是"细分"，就是只在物体的局部增加细节，而不必增加整个物体的复杂程度，同时还能维持增加了细节的物体的光滑性。

有了以上 3ds max 几种建模方法的认识，就可以在为虚拟现实系统制作相应模型之前，根据虚拟现实系统的要求选取合适的建模途径，多快好省地完成虚拟现实作品的制作。

（二）基于图像的绘制

传统图形绘制技术均是面向景物几何而设计的，因而绘制过程涉及复杂的建模、消隐和光亮度计算。尽管通过可见性预计算技术及场景几何简化技术可大大减少需处理景物的面片数目，但对高度复杂的场景，现有的计算机硬件仍无法实时绘制简化后的场景几何。因而人们面临的一个重要问题是如何在具有普通计算能力的计算机上实现真实感图形的实时绘制。IBR 技术就是为实现这一目标而设计的一种全新的图形绘制方式。该技术基于一些预先生成的图像（或环境映照）来生成不同视点的场景画面，与传统绘制技术相比，它有着鲜明的特点：第一，图形绘制独立于场景复杂性，仅与所要生成画面的分辨率有关；第二，预先存储的图像（或环境映照）既可以是计算机合成的，也可以是实际拍摄的画面，而且两者可以混合使用；第三，该绘制技术对计算资源的要求不高，因而可以在普通工作站和个人计算机上实现复杂场景的实时显示。

由于每一帧场景画面都只描述了给定视点沿某一特定视线方向观察场景的结果，并不是从图像中恢复几何或光学景象模型，为了摆脱单帧画面视域的局限性，可以在一个给定视点处拍摄或通过计算得到其沿所有方向的图像，并将它们拼接成一张全景图像。为使用户能在场景中漫游，需要建立场景在不同位置处的全景图，继而通过视图插值或变形来获得临近视点对应的视图。IBR 技术是新兴的研究领域，它将改变人们对计算机图形学的传统认识，从而使计算机图形学获得更加广泛的应用。

3ds max 出色的纹理贴图，强大的贴图控制能力，各种空间扭曲和变形，都提供了对图像和环境映照的简单的处理途径。例如，在各种 IBR 的应用中，全景图的生成是经常需要解决的问题，这方面，利用 3ds max 可以根据所需的全景图类型先生成对应的基板，比如，柱面全景图就先生成一个圆柱，然后控制各个方向的条状图像沿着圆柱面进行贴图即可。而且可以将图像拼接的过程编制成 Script 文件做成插件嵌入 3ds max 环境中，可以容易地生成全景图并且预先观察在虚拟现实系统中漫游的效果，这通过在 Video Post 中设置摄像机的运动轨迹即可。事实上，目前已经有一些全景图生成和校正的插件。

第二节　场景调节技术

对于虚拟现实系统来说，场景调度是最重要的部分，虚拟现实系统可能要管理整个三维场景，这个三维环境往往很大很复杂，可能包含几百个房间，每个房间中又有几十个物体，每个物体又由很多面组成，整个场景的面数可达几十万个。场景中的物体之间存在着相互的关系，如果组织这些物体的关系，并将这些关系与其他模块联系起来就是场景管理的任务。

场景管理的目标是在不降低场景显示质量的情况下，尽量简化场景物体的表示，以减少渲染场景的算法时间，降低空间复杂度，并同时减少绘制场景物体所需的设备资源和处理时间。

一、基于场景图的管理

在虚拟现实中，场景的组织与管理一般通过场景图（Scene Graph）来完成。场景图是一种将场景中的各种数据以图的形式组织在一起的场景数据管理方式。它一般用是叉树表示，树的每个节点都可以有 0~n 个子节点。场景图的根节点一般是一个逻辑节点，代表着整个场景，根节点下的每个节点则存储着场景中物体的数据结构，包括几何体、光源、照相机、声音、物体包围盒、变换和 LOD（Levels of Detail，多细节层次）等其他属性，如图 2-1 所示。

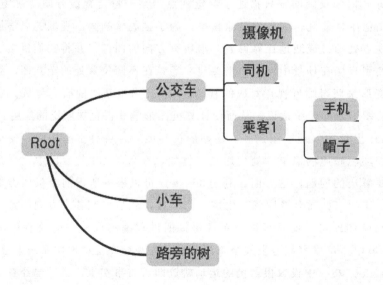

图 2-1　场景图示例

图 2-1 构造了一个简单的场景图。在该场景中有一辆公交车在路上行驶，车上有司机和乘客，乘客戴了一顶帽子还带了一部手机，同时路边有些小车和树。可以发现

公交车、小车和树都是独立的个体，它们之间没有交互，只是它们的相对位置关系会随着运动而改变；而司机、乘客和公交车的关系有点像父子关系，车的运动会带动人一起运动，车旋转也会带动人一起旋转。当然，这里说人的运动是指人的绝对运动，他们相对于车是静止的。同理，乘客与他的手机、帽子也是类似的父子关系。

在分析了物体之间的关系后，可以按照如下步骤构造场景图：

第一步，新建一棵 k 叉树，它有一个空的根节点，位置在世界原点。根节点其实是个逻辑节点，它并没有实际的模型，也不能显示。

第二步，在根节点下面挂接 3 个子节点，分别表示公交车、小车和树。设定子节点与父节点，即世界原点的相对位移和相对旋转。接着，将司机、乘客挂接在公交车这个节点上，将手机和帽子节点挂在乘客节点上，并将它们与父节点之间的位置关系设置正确。

第三步，将摄像机挂接在公交车的上方，使其能和公交车一起运动，于是显示的就是一个类似极品飞车中从车外部看场景的效果；如果将摄像机和司机绑定，并定位在司机的眼睛上，那就是一个第一人称运动游戏了。

经过这 3 步，一个基本的场景图就构造完毕了。既然场景图是一个树结构，人们就会希望场景图中的父节点状态可以影响子节点的状态，例如，假设父节点不可见，则子节点也会不可见（想象一下公交车不可见，人当然就不可见了）；而且父节点的运动也会带动子节点运动，例如公交车运动会带动人一起运动。

因为场景图中的所有节点都必须满足上面的需求，所以可以先设计一个节点基类，该基类需要包含一些基本信息。此外，场景图中挂载的所有节点都应该继承自该基类。具体设置步骤如下：

首先，设定每个节点在场景图中都有一个唯一的名字，该名字为节点的唯一标识。这保证场景图中节点的搜索是通过名字这个关键词来进行的。

其次，一个节点可以是可见的也可以是不可见的。对于不可见的节点就不需要绘制，同时它的子节点也不需要绘制，即父节点的可见性会影响子节点的可见性。除此之外，不可见节点的有向包围盒（OBB）和节点包围球（Bounding Sphere）都不需要更新。

节点基类还需要保存父节点指针和子节点链表。这两个属性是场景图的根基，是它们将场景图有序地联系起来。一个节点可以有父节点也可以没有父节点，当它没有父节点时就是一个根节点；节点的子节点数量则没有限制，当它没有子节点时就是一个叶节点。在图 2-1 中，乘客 1 是公交车的子节点，同时也是手机和帽子的父节点。

一个节点还必须和其父节点建立位置关系，于是它需要存储相对父节点的位移和旋转。这里不选择存储节点的绝对位置和旋转，原因是相对位移和旋转可以加快场景图的更新。在场景图中，父节点的旋转、移动和缩放都会影响子节点的状态，假设乘客 1 走动或旋转，则其帽子、手机都会跟着一起运动，但事实上它们相对乘客 1 来说是静止的，所以在乘客1自身更新后，帽子和手机的坐标自然就更新了。这样一来，对一个节点操作就无须关心它的父节点或子节点，非常方便。

节点还需要支持缩放，一般的引擎都只支持整体缩放。因为在非整体缩放时需要考虑物体法向的变化，且大多数的情况都是整体缩放。CAP引擎存储节点的绝对缩放因子而非相对缩放因子，这是因为父节点的缩放因子不会直接影响子节点的缩放。可以想象公交车缩小了，那么乘客1也会同时缩小。接着假设乘客1下车，这时乘客1节点先脱离公交车这个父节点，然后挂到场景图的根节点上去。这时如果使用的是相对缩放因子，人就会放大，但这显然不是希望的结果。而如果存储的是绝对缩放因子，则乘客1就不会因为下车而放大了。

最后，还可以通过存储节点的世界平移缩放矩阵和最终的世界平移旋转缩放矩阵来提高游戏引擎的效率。

节点基类还要有一些基本操作，可以分为几个函数群。首先是最简单也是最基本的Get操作。它们一般是内联函数，效率较高。接着是运动函数群，它们是节点类中最重要的函数群，包括位移函数、旋转函数和缩放函数。例2-1说明了位移函数的实现。在Move函数中，只要改变该节点相对父节点的位移即可（需要注意父节点有自旋转的情况），同时将该节点的更改标志符置位。当这个标志符置位时通知该节点的变换矩阵更新，并更新节点包围球。相比较位移函数，旋转函数数量上就要多一点，不过原理都是差不多的，其中绕自身X轴选择的函数实现如例2-2所示。缩放函数要稍微复杂一点，用到了递归实现。这主要是因为存储的是整体缩放因子，所以父节点的缩放会影响子节点的缩放因子。另一方面，在节点缩放后，该节点和其所有子节点的距离都会发生改变，所以用递归实现会简单漂亮。

例2-1 运动函数的算法

```
/**移动一段距离*/
void GEObject:: Move (const Vector3&offset)
{
如果移动零距离，则立即返回
修改相对父节点位移，此步需要考虑父节点的旋转矩阵的影响
标志节点的最终变换矩阵需要更新
标志节点的包围球需要更新
}
/**绕自己的X轴转一点头*/
void GEObject:: RotationPitch (float radian)
{
如果旋转角度为零，则立即返回
修改相对旋转矩阵
```

标志节点的最终变换矩阵需要更新

标志节点的包围球需要更新

}

/**缩放*/

void GEObject:: Scale（float scale）

{

修改整休缩放因子

标志节点的最终变换矩阵需要更新

标志节点的包围球需要更新

遍历每一层子节点

修改父节点与子节点的相对距离

调用该子节点的Scale函数

}

除了运动函数，还需要动态更新场景图，在这个过程中，要注意那个老是被重复提及的词——效率，需要让算法的重复计算次数最少，不做不必要的更新或是计算。例2-2中简单说明了CAP引擎动态更新场景图的算法步骤，分别实现更新自身节点和更新以该节点为根节点的子树。

例2-2 动态更新场景图算法

/**更新自身节点算法步骤*/

const Matrix4&GEObject:: UpdateTransformation（）

{

更新相对变换矩阵

逐层向上遍历其父节点，通过父节点相对变换矩阵得到最终位移、旋转矩阵

结合整体缩放因子，得到最终变换矩阵

如果存在Mesh，则更新包围盒

标识该节点为最新

返回最终变换矩阵

}

/**更新以自己为根的一棵子树，参数为是否强制更新*/

void GEObject:: UpdateSubSceneGraph（bool compulsive）

{

如果自己为根或是需要强制更新

{

结合自己的相对变换矩阵，整体缩放因子和父节点的最终变换矩阵得到自己的最终变换矩阵

　　　　如果存在 Mesh，则更新包围盒

　　　　标识该节点为最新

　　　　}

　　遍历所有的一层子节点，对其调用 UpdateSubSceneGraph 函数，参数为是否自身节点更新了

　　　　}

　　在更新自身节点算法中，节点的世界变换矩阵是由该节点的缩放矩阵和该节点的世界平移旋转矩阵相乘得到的。而在之前定义的场景图结构中，一个点的世界位移旋转变换矩阵是通过该节点的相对平移旋转矩阵与其所有父节点的相对平移旋转矩阵相乘得到的。因此，可以从节点开始，层层搜索其父节点，最终得到节点的世界平移旋转矩阵。然后将该节点的缩放矩阵和刚得到的世界平移旋转矩阵相乘得到最终世界变换矩阵。至此，标志该节点为没有更改。在这个，算法中，节点的父节点是否更改不影响最后结果，同时，程序不改变父节点的更改标志属性。

　　在写更新以自己为根节点的子树算法之前，需要首先明白什么时候需要更新最终变换矩阵：在节点自身运动过后或是父节点运动过后需要更新节点的最终变换矩阵。因此，该算法需要传入一个外部参数，表示是否强制更新该节点，当有父节点运动后该参数置位。接着，该算法是一个自上而下的更新，因为只有当父节点更新后子节点的更新才有意义。所以首先是评断是否需要更新自身节点，若是，则更新该节点的变换矩阵。接下来是更新一层子节点，这里用了递归实现。如果自身节点更新了，则子节点强制更新参数置位。可以看出，在场景图没有运动时，这个算法是不会有什么消耗的；即使有节点运动，它也只是更新运动节点的子树。并且节点的世界变换矩阵的更新比自身节点更新算法简单很多，它总是假定父节点是最新的，所以子节点世界变换矩阵的计算只需要用父节点的世界变换矩阵和节点的相对变换矩阵相乘即可以得到。

　　在游戏中，场景图每一帧都要被更新，但每一帧的更新次数不能超过一次。所以更新函数是在每一帧绘制前被场景的根节点调用的。在被根节点调用后，整个场景图就更新了。

　　节点类中最后需要实现的是如何挂载和卸载子节点。卸载子节点即删除被调用节点的一个名字为函数参数的一层子节点。首先，被调用节点（暂定为节点 A）遍历其子节点，找到名字为函数参数的节点，称它为节点 D。接着将节点 D 的世界变换矩阵、相对平移向量和相对旋转矩阵都更新，使之不再依赖父节点，这时节点 D 的相对变换矩阵和世界变换矩阵的值就是一样的了。然后将节点 D 的父节点设为空，同时将节点 D 和 Y 节点的链接删除。最后告诉父节点更新包围球。挂载子节点则是传入一个想被挂载的父节点指针，然后此节点就被挂载到该父节点上去了。

　　至此，一个最基本的场景图节点基类就完成了，在这个基类的基础上，可以增加很多属性，比如速度、加速度、运动、模型和动画等，还可以根据应用的需要派生出

子类。在 CAP 引擎中，场景图中所有的类都是继承自这个基类的，比如灯光类、照相机类、人物类和粒子系统类等。

在对场景中的物体抽象后，还需要场景图管理类来组织和管理场景图。场景图管理类提供一些接口让用户操作场景图，比如创建一个节点、删除一个节点、搜索一个节点、场景图的更新、动作和显示都是通过这个类来实现的。相比较节点类来说，场景图管理类要简单很多，只需要不断调用在节点实现的接口就好了。此外，因为一个游戏中只有一个场景管理器，所以需要将场景管理器类设计成单例模式。

二、基于绘制状态的场景管理

基于绘制状态的场景管理的基本思路是把场景物体按照绘制状态分类，对于相同状态的物体只设置一次状态并始终保存当前状态列表。状态切换是指任意影响画面生成的函数调用，包括纹理、材质、光照和融合等函数。在切换状态时，只需改变和当前状态不一样的状态。由于状态切换是一个耗时的操作，在实际的绘制操作中应该避免频繁的状态切换。比如，设置纹理通常是最耗时的状态改变，所以通常以纹理调用次序绘制多边形，避免过多的纹理设置操作。同样，如果使用光照明计算，也需要避免过多地切换物体的材质。因此，实现三维场景的快速绘制的一个非常重要的任务是建立一个状态管理系统。

假设场景物体由多边形模型组成，每个模型在任意时刻具有相同的绘制状态。这些状态的集合可以抽象成一个绘制状态集合，通常包括：

第一，多个纹理，纹理的使用类型以及它们的融合方式。

第二，材质参数，包括泛光、漫射光、镜面光、自身发射光和高光系数。

第三，各类其他的渲染模式，如多边形插值模式、融合函数和光照明计算模式等。

另外，也可以在状态集合中添加任意需要改变的设置，例如，如果需要环境映像，可以在状态集合中添加必要的纹理坐标生成参数。为了避免过多的状态改变，将物体按照它们的绘制状态集合进行排序。这些绘制状态集合被插入到一个状态树中，树的顶层表示最耗时的状态改变，而叶节点则表示代价最小的状态改变。假设场景有 4 个绘制状态集合，每个集合包含两个纹理、一个材质和一个融合模式，如表 2-1 所示。

表 2-1　绘制状态集合

绘制状态集合 A	绘制状态集合 B	绘制状态集合 C	绘制状态集合 D
砖块纹理	砖块纹理	砖块纹理	立方体纹理
细节纹理	细节纹理	凹凸纹理	无纹理
红色材质	灰色材质	红色材质	单色材质
无融合模式	无融合模式	无融合模式	加法融合模式

状态树的建立过程非常直接，按照各种状态的耗费时间排序即可。最耗时的操作重要性高，因此被置于树的顶层，使得它们被切换的概率最小。表2-1中，砖块纹理耗时最多，被3个状态集合共享，将它置于顶层，在绘制时仅需切换一次。而对于无融合模式，由于它的切换代价小，在遍历绘制状态树过程中将被访问3次，即切换3次。第4个状态集合仅需要一个纹理映像，不需要多重纹理，因此应该将它的默认值添入状态树中。

建立好状态树后，需要以最小的状态切换代价绘制场景，场景的绘制顺序由绘制状态树遍历结果决定。算法从顶层开始以深度优先顺序遍历，每一条从根节点到叶节点的路径对应一个状态集合。因此，当达到某个叶节点时，就可以找到这条路径对应的状态集合，并绘制使用这个状态集合的物体。如果场景中多个物体使用同一个状态集合，那么在预处理阶段建立状态集合和物体之间的对应关系，当遍历状态树找到某个状态集合时，绘制所有使用该状态集合的物体。在表2-1中，状态集合A的路径是（砖块纹理、细节纹理、红色材质和无融合模式），而第二条路径（砖块纹理、细节纹理、灰色材质和无融合模式）则对应状态集合B。

状态树管理算法还可以进一步改进，表2-1中前3个状态集合将"无融合模式"设置了3次，浪费了两次状态切换。为了避免这种情况，可以保留一个当头的列表，记录当前发挥作用的状态。在遍历状态树的过程中，需要对每一个节点检查节点状态是否已经位于当前状态列表中，如果已经存在，则不予切换。否则，设置该状态，并将它加入当前状态列表中。通过这种方式，表2-1中的"无融合模式"将只被设置一次。

多重绘制（Multi-pass rendering）技术已经成为三维图形中的重要技术手段，它能有效地模拟多光源、阴影、雾和多重纹理等效果，相应的绘制状态的管理比单重绘制要复杂得多。在同一个物体的多重绘制过程中，它的几何数据保持不变，而每重绘制时的绘制状态会有所差异。而不同物体的几何数据不同，但有可能会共享某些状态，例如纹理、光照条件等。因此对于多重绘制，第一种方案是以状态为单位进行管理，即首先绘制所有物体的每一重状态，再绘制所有物体的第二重状态，依次类推。这样，每一重的几何数据是共享的，因此不必切换物体的几何数据。其缺点是每重的绘制状态都有差异，这使得每次绘制都要切换某些状态。第二种方案则正好相反，它减少了状态之间的切换，但是切换几何数据也需要耗费时间，当场景物体数目很多时尤为明显。在实际的游戏开发中，使用何种管理方式并无定论，一般的做法是根据真实的测试数据决定取舍。可编程图形绘制流程的状态管理更为复杂，其中顶点着色器和像素着色器可以作为单独的状态管理，它们之间的切换比纹理切换更耗时。

三、基于场景包围体的场景组织

三维游戏图形技术中的许多难题，如碰撞检测、可见性判断、光线和物体之间的关系等，都可以归结为空间关系的计算问题。为了加速判断场景物体之间的空间关系，可从两个技术路线入手。第一，游戏场景中的物体几何表示以三角形为主，复杂物体可能由几十万个三角形组成，如果要判断每个三角形与其他物体的关系，效率显然低下。而解决的办法是对单个物体建立包围体（Bounding Volume），再在包围体的基础上对场景建立包围盒层次树（Bounding Volume, Hierarchy），形成场景的一种优化表示。由于包围体形状简单，多边形数目少，因此利用多边形的相关性即物体的包围体表示能加速判断。第二，物体两两之间的判断是最为直观的解决办法，但是真正与某个物体发生关系的场景物体有限，因此如果将物体在场景中的分布以一定的结构组织起来，就能消除大量无用的物体之间的判断，这就是场景的剖分技术。

常用的场景物体包围体技术有5大类，最简单的是包围球，它的定义就是包围物体的最小球体。任意物体的包围球的中心位于物体的重心（即物体的一阶矩），它的直径是物体表面各点之间距离的最大值。由于球的各向同性，包围球最适合圆形物体。对于长宽比例大的物体，包围球的结构存在很大的冗余。

AABB（Axis Aligned Bounding Box，轴平行包围盒）结构是平行于坐标轴的包围物体的最小长方体。AABB层次包围盒树，是基于AABB结构构建的层次结构二叉树。与其他包围体相比，AABB结构比较简单，内存开销比较少，更快，相互之间的求交也很快捷。但由于包围物体不够松散，会产生较多的节点，导致层次二叉树的节点存在冗余。在应用中，由于效率的考虑，通常结合使用包围球和AABB包围体。这是因为基于包围球的简单距离测试可以进行快速的碰撞检测，但它包含的空间远大于它所表示物体的真实体积。因此，往往判断一个物体会出现在屏幕上，但其实该物体的顶点都应该被剔除。另一方面，尽管AABB包围体更逼近物体的外形，但用立方体进行测试却比包围球慢。

OBB（Oriented Bounding Box，有向包围盒）本质上是一个最贴近物体的长方体，只不过该长方体可以根据物体的一阶矩任意旋转。因此，OBB比包围球和AABB更加逼近物体，能明显减少包围体的个数。因此，人物通常进行两个回合的碰撞相交检测，用包围球做第一回合的快速测试，第二回合采用OBB进行测试。第一回合的测试可以剔除大多数不可见或不必裁剪的物体，这样不必进行第二回合测试的概率就会大得多。同时OBB包围盒测试所得的结果更精确，最终要绘制的物体会更少。这种混合式的包围盒也适用于其他方面，如碰撞检测、物理力学等。

物体的凸包围体是最广泛的一种有用的包围体类型。凸包围体由一组平面定义，这些平面的法线由里指向外。计算凸包所需信息可以是一组三维空间点，计算时将处于凸包内但不在凸包的包围面上的冗余点剔除，构成凸包的面的平面方程被用来进行遮挡计算，如果空间中的一个点位于凸包的所有边界面的内侧，那么它就位于凸包之内，这样就可以快速检查一个三维点是否在一个凸包之内。现在已经有一些由一组点来计算凸包的算法，常用算法有增量式（incremental）、礼包式（gift-wrapping）、分治式（divide-and-conquer）和快速凸包算法（quick-hull）。在凸包中有一种特殊类型，称为k-dop（discrete orientaton polytope，离散有向多面体）。它指由k/2对平行平面包围而成的凸多面体，其中k为法向量的个数。k-dop包围体比广义的凸包容易构造，比以上提到的包围体更紧密地包围原物体，创建的层次树节点更少。

四、场景绘制的几何剖分技术

几何剖分技术是将场景中的几何物体通过层次性机制组织起来，灵活使用，快速剔除层次树的整个分支，并加速碰撞检测过程，这种剖分技术本质上是一种分而治之（Divide and Conquer）的思想。大多数商业建模软件包和三维图形引擎都采用了基于场景几何剖分的层次性机制。在场景几何的树形结构中，整个场景是根节点，根物体包含子节点，而子节点又可以循环剖分下去，但要注意保持树的平衡。游戏引擎中最常用的场景几何剖分技术有BSP树、四叉树、八叉树和均匀八叉树等。

（一）BSP树

BSP（Binary Space Partition，空间二叉剖分）树是三维引擎中常用的空间剖分技术，它由Schumacker于1969年首先提出，在20世纪90年代初期由John Carmack和John Romem最早在第一人称视角游戏Doom中引入，自那以后，几乎所有的第一人称射击类游戏都采用BSP技术。BSP树能应用在深度排序、碰撞检测、绘制、节点裁剪和潜在可见集的计算，极大地加速了三维场景的漫游。

基于BSP树的场景管理，任何平面都将整个空间分割成两个半空间，位于该平面某一侧的所有点构成了一个半空间，位于另一侧的点则定义了另一个半空间，该平面则是将两个半空间剖分开来的分割面，根据这种空间剖分的方法，可以建立起对整个几何场景和场景中各种物体几何的描述。BSP树的根节点就是整个场景，每个节点所代表的区域被平面分成两部分，一部分是平面前面（左侧）区域的子节点，另一部分是平面后面（右侧）区域的子节点。对子节点剖分，一直向下递归直到空间内部没有多边形，或者剖分的深度达到指定的数值时才停止。此时，叶点代表了场景几何分布的凸区域。

（二）BSP树的构造过程

一棵BSP树代表了空间的一个区域，它的子节点对应于空间的剖分方式，叶节点代表某个子区域或单个物体。构建BSP树有两种主要的方法：第一种方法称为基于场景本身的BSP树，它的非叶节点中既包含分割平面，也包含构成场景几何的多边形列表，而叶节点则为空；第二种方法称为基于分割平面的BSP树，它的非叶节点仅包含分割平面，而叶节点包含所有的形成子凸空间边界的多边形。基于分割平面的BSP树的构造过程如图2-2所示。

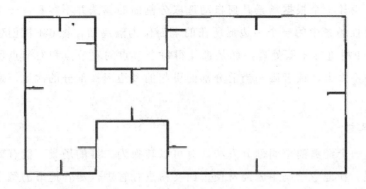

图 2-2　BSP 树的构造过程

BSP 树的组成元素是非叶节点、叶节点和场景多边形列表。在基于分割平面的 BSP 树中，叶节点是多边形的集合，非叶节点是分割平面。图 2-3 是对图 2-4 的场景进行一次剖分后形成的 BSP 树，A 代表非叶节点，它将整个房间分为两部分。

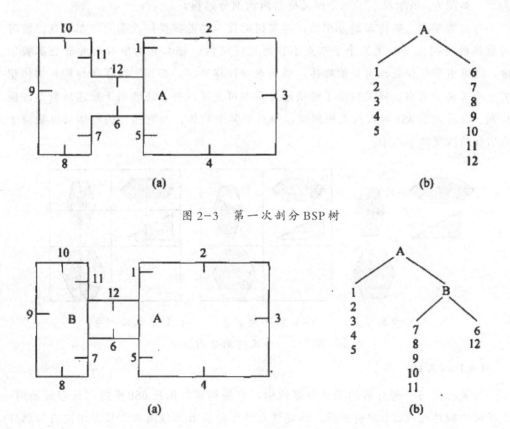

图 2-3　第一次剖分 BSP 树

图 2-4　第二次剖分 BSP 树

第二次剖分将平面 B 将左边非凸的部分剖分出来，因此不需要继续剖分，如图 2-8 所示。

在 BSP 树的构造过程中，当某个多边形与分割面相交时，必须将多边形沿分割面剖分。当然，设计一个根据场景几何自动选取分割面的算法并不容易。一个常用的方法是根据重要性场景中的一个多边形所在的平面作为隔离面，在BSP树创建后，需要决定是否对BSP树进行平衡处理，就是说使得每个节点的左节点和右节点所包含的多边形数目相差不太大，或者限制当前分割面引起的多边形被剖分的次数，避免产生过多的多边形。

（三）四叉树

四叉树是一个经典的空间剖分方法。对可以转换为二维的场景，能有效地使用四叉树进行管理。在地形绘制中就经常使用四叉树进行管理，尽管地形的每个点都具有一定的高度，但是高度远远小于地形的范围，因此从宏观的角度上来看，地形可以参数化或者说摊平为一个二维的网格。在四叉树的建立过程中，首先用一个包围四边形逼近场景，然后包围四边形作为根节点，迭代地一分为四。如果子节点中包含多个物体，那么继续剖分下去，直到剖分的层次或者子节点包含的物体个数小于给定的阈值为止。如图2-5所示显示了一个四叉树的两次剖分过程。

与二维平面上的均匀剖分相比，四叉树的优点是能提供层次剔除。在场景漫游时考察相机的视角，如果某个子节点不在可见区域内，那么它的所有后继节点都被剔除，三维引擎仅仅处理可见的物体。当场景物体移动时，必须实时更新与场景物体相关的四叉树子节点。四叉树除了能快速排除不可见区域外，还能用于加速场景的碰撞检测。其原理与BSP树和八叉树相似，即对于某个物体，与它相交的物体只可能位于它所在的四叉树节点中。

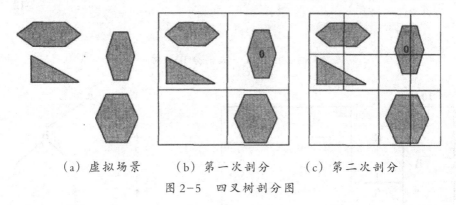

（a）虚拟场景　　　（b）第一次剖分　　　（c）第二次剖分

图2-5　四叉树剖分图

（四）八叉树

八叉树是另一种有效的三维数据结构，它的构建时间比BSP树短，且容易使用。八叉树的构造过程比BSP树简单。首先建立场景的长方体包围盒。长方体被均匀剖分为8个小长方体。判断场景中每个多边形与8个小长方体的内外关系，如果某个多边形与小长方体相交或位于某个小长方体内部，将多边形加入这个小长方体的多边形列表。场景遍历完毕后，检查8个小长方体包含的多边形数目。对于每个非空的小长方体，作为八叉树的子节点，继续递归剖分下去。如果为空，则设为叶节点，停止剖分。当递归深度达到给定的数目或每个节点中包含的多边形数目小于某个数值时，剖分停止。在建立节点与多边形关系的过程中，如果一个多边形与两个以上的节点相交，可以将多边形添加到各个与它相交的节点中，也可以将多边形沿节点之间的边界面剖分，并将分割出的小多边形分归各方。与BSP树方法类似，后一种增加了场景中的多边形数目，前一种则增加了处理的复杂性，即在遍历时必须保证这类多边形只被处理一次。需要注意场景中所有多边形只保存在八叉树的叶节点中。在某个节点被剖分出8个子节点并将所有多边形添加到子节点的多边形列表后，非叶节点的多边形列表就被删除，只保留节点包含的多边形数目。如图2-6所示为八叉树剖分图。

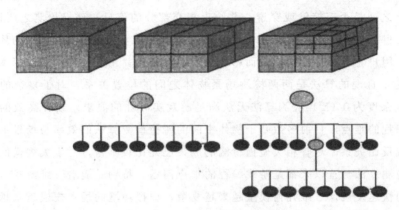

图2-6　八叉树剖分图

八叉树的遍历过程与一般的树状结构类似，它的一个最常见的应用是，当某个八叉树节点位于视域四棱锥外部时，八叉树中包含的所有多边形都被视域裁剪。另外一个应用是辅助加速两个物体之间的碰撞检测。与BSP树相比，八叉树易于构造与使用，而且在视域裁剪和碰撞检测过程中，八叉树要优于BSP树。BSP树的长处在于进行深度排序，这是可见性计算的关键。BSP树允许以从后往前的次序绘制场景多边形，从而方便处理透明度，而八叉树只能提供非常粗略的深度排序。因此，如果游戏中经常用到透明度和可见性计算，八叉树不是很好的选择。此外，对于Portal（入口）和潜在可见集技术，八叉树也没有优势。

（五）均匀八叉树剖分

三维均匀八叉树剖分将场景均匀地剖分成指定的层次，它可以看成八叉树的一个规则版本，或者说八叉树是三维均匀剖分的一个自适应版本。三维均匀剖分的好处在于构造极为简单，遍历方便，但是存储量比八叉树大。从通用性和可编程图形硬件的并行性角度看，三维均匀剖分比八叉树更为实用。

不管二叉树、四叉树还是八叉树，都不是任何场景都适合，因此要根据虚拟场景的不同类型来选取不同的场景剖分方式。

第三节 碰撞检测技术

碰撞检测是虚拟现实中另一个重要部分，它主要的作用是检测游戏中各种物体的物理边缘是否产生了碰撞。游戏的效果必须在一定程度上符合客观世界的物理规律，如地心引力、加速度、摩擦力、惯性和碰撞检测等。基于物理的真实效果不需要完全遵循真实的物理规律。碰撞检测是虚拟现实中不可回避的问题之一，只要场景中的物体在移动，就必须判断是否与其他物体相接触。碰撞检测的基本任务是确定两个或多个物体彼此之间是否有接触或穿透，并给出相交部分的信息。碰撞检测之所以重要，是因为现实世界中，两个或多个物体不可能同时占有同一空间区域。如果物体之间发生了穿透，用户会感觉不真实，从而影响游戏的沉浸度。由于碰撞检测的基本问题是物体的求交，直观的算法是两两检测场景物体之间的位置关系。对于复杂的三维场景，显然复杂度为 $O(N^2)$ 检测算法无法满足游戏实时性的要求。设计高效的碰撞检测算法是编程的难点，目前多数基于物体空间的碰撞检测算法的效率与场景中的物体的复杂度成反比关系。尽管相关碰撞检测的成果已经比较丰富，对于大规模的复杂场景的碰撞检测算法一直以来都是游戏编程的难点问题。特别是随着三维游戏、虚拟现实等技术的快速发展，三维几何模型越来越复杂，虚拟环境的场景规模越来越大；同时人们对交互实时性、场景真实性的要求也越来越高。严格的实时性和真实性要求在向研究者们提出巨大挑战，这使实时碰撞检测再度成为研究热点。

一、面向凸体的碰撞检测

面向凸体的碰撞检测算法大体上又可分为两类：一类是基于特征的碰撞检测算法，另一类是基于单纯形的碰撞检测算法。

（一）基于特征的碰撞检测算法

顶点、边和面称为多面体的特征。基于特征的碰撞检测算法主要通过判别两个多面体的顶点、边和面之间的相互关系进行它们之间的相交检测。所有基于特征的方法基本上都源自于Lin-Canny算法。

Lin-Canny算法通过计算两个物体间最邻近特征的距离来确定它们是否相交。该算法利用了连贯性来加快相交检测的速度。具体地，因为在连续的两帧之间最邻近特征一般不会明显变化，因此可通过将当前的最邻近特征保存到特征缓存中来加快下一帧的相交检测速度。当最邻近特征发生了变化后，算法依据特征的Voronoi区域先查找与下一帧中保留特征的相邻特征，以此提高查找效率，从而提高相交检测的效率。图2-7显示了一个物体的顶点、边和面所对应的Voronoi区域。

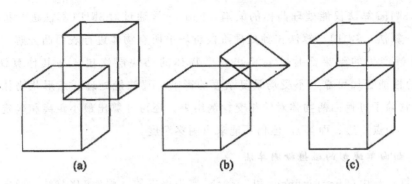

(a) (b) (c)

图 2-7　一个物体的顶点、边和面所对应的 Voronoi 区域

当碰撞检测的时间间隔相对物体移动速度较小时，算法可在预定的常数时间内进行特征跟踪。这里假定碰撞检测算法每个循环计算是在场景运动变化后进行的。

I-Collide 是以 Lin-Canny 算法为基础，结合了时间连贯性的一个精确的碰撞检测共享库，可用于由凸多面体构成的模型，并能够处理多个运动物体组成的场景。

然而，Lin-Canny 算法并不能够处理刺穿多面体的情况。面对刺穿情况，算法会进入死循环。一个简单的解决办法是在算法达到最大循环数后强制中止。但这种解决方法太慢，且无法判定物体是否真正相互刺穿。事实上，只要物体不是移动太慢或碰撞检测的时间间隔不是十分短，物体相互刺穿的现象非常常见。算法无法检测刺穿，这对实时应用环境如游戏和虚拟现实是不可想象的。当相互刺穿发生又要求更精确的接触时间信息时，就要回溯到碰撞发生的精确瞬间，这种过程也是非常缓慢和烦琐的。Ponamgi 等引入了凸多面体的伪内部 Voronoi 区域来克服这个问题。但同时引入了需要解决的其他问题，包括如何处理平行特征面等特殊情况和如何配置容错阈值以将算法调整到理想性能等问题。

另一个具有代表性的基于特征的碰撞检测算法是 V-Clip (Voronoi-Clip)。Mirtich 宣称解决了 Lin-Canny 算法的局限性。V-Clip 算法能处理刺穿情况，不需要用容错阈值来调整，而且不会有死循环的现象。同时由于特例情况少而实现起来更加简单。它是目前所有算法中，处理凸体之间的碰撞检测最快速有效的算法之一。V-Clip 既可以处理凸体，也可以处理非凸体，甚至还可以处理不连通的物体，在物体发生刺穿时还能返回刺穿深度。它的算法效率相对 I-Collide 和 Enhanced GJK 有明显的改善，而且比较强壮。

之后，北卡罗莱纳大学 Ehmann 等开发的 SWIFT (Speedy Walking viaImproved Feature Testing) 算法达到了更优的算法效率。该算法结合了基于 Voronoi 区域的特征跟踪法和多层次细节表示两种技术，可适用于具有不同连贯性程度的场景，并能够提高碰撞检测的计算速度。它比 I-Collide、V-Clip 和 Enhanced GJK 算法速度更快也更强壮，但在少数情况下还是会陷入死循环。比较可惜的是，它一般只处理凸体或由凸块组成的物体。算法能够检测出两物体的相交情况并计算出最小距离，确定出相交的物体对，但并不能求出刺穿深度。

针对 SWIFT 算法仅能处理凸体的缺陷，Ehmann 等通过对 SWIFT 算法进行扩展提出了 SWIFT++算法。SWIFT++算法在预处理阶段将场中所有物体进行表面凸分解，并重新组织凸分解产生的结果凸片，建构出各个物体的凸块层次树。与其他算法相比，SWIFT++的性能更加可靠，不受场景复杂度的影响。算法能处理任意形状物体间的碰撞检测，它除了可返回两物体对的相交检测结果，还可计算出最小距离和确定相交部分的信息（如点、边、面等），但仍不能求出刺穿深度。

（二）面向单纯形的碰撞检测算法

这类算法是由 GibertJohnson 和 Keerthi 率先提出的，称为 GJK 算法。面向单纯形的碰撞算法是与基于特征的算法相对应的一类算法。GJK 算法以计算一对凸体之间的距离为基础。假定两凸体 A 和 B，用（A，B）来表示 A 与 B 之间的距离，则距离可以用公式表示：

$$d（A，B）=\min\{\|x-y\|:x\in A，y\in B\}$$

算法将返回两物体间最邻近的两个点 a，b，它们满足公式：

$$\|a-b\|=d（A，B）a\in A\ Kb\in B$$

A 和 B 之间的距离可表示为公式：

$$d（A，B）=\|a-b\|$$

其中 υ（C）为物体 C 中的点到原点的距离，也即公式：

$$\upsilon（C）\in C 且\|\upsilon（C）\|=\min\{\|x\|:x\in C\}$$

从而就有 $a-b=\upsilon（A-B）$。

这样算法就将 A，B 两凸体间的相交检测转化为在单纯形（A-B）上找出距离原点最近的点。单纯形是三角形在任意维度上的概括性名称，多数情况下都可把多面体看做一个点集的凸包。相交检测所有操作都在这些点的子集所定义的单纯形上进行。

GJK 算法的主要优点在于除了可检测出两物体是否相交，还能返回刺穿深度。Cameron 等进一步改进了该算法，提出了 GJK 增强算法（Enhanced GJK）。GJK 增强算法在 GJK 的基础上引入了爬山思想（Hill Climbing），提高了算法效率。该算法性能与 I-Collide 和 V-Clip 算法性能相近，能够在常数时间内计算出两凸体对之间的距离。该算法在时间复杂度上基本和 Lin-Canny 相同，但同时它又克服了 Lin-Canny 算法主要的弱点。Mirtich 称 V-Clip 算法比 Enhanced GJK 算法需要更少的浮点运算，效率更高，但同时他也承认 GJK 类的算法能更好地计算刺穿深度。

Berge 等开发的 SOLID（Software Library for Interference Detection）算法也是一个基于 GJK 的碰撞检测算法。它除了采用 GJK 的基本思想，还结合了基于 AABB 的掠扫和裁剪的增量剔除技术，并通过缓存上一帧中物体对的分离轴，利用帧与帧的连贯性来判别潜在的相交物体对，以加快算法效率。

所有面向凸体的算法都宣称精确求交处理非凸的多面体也是简单的，认为非凸多面体可由凸子块组成的层次结构表示。这些算法先对凸子块的包围体进行相交检测，如果发现相交，再进一步检测包围体内的凸子块是否相交，因此称为"开包裹法"。这些算法本身虽然对凸体特别有效，但当物体的非凸层次增加时，它们的检测速度会迅速下降。因此这些算法更适用于对包含少量凸体的场景进行实时碰撞检测。于其他情况，基于层次表示的碰撞检测算法将更加实用。

二、基于一般表示的碰撞检测

碰撞检测算法中有不少是专门面向某种具体表示模型而设计的，包括面向CSG表示模型的碰撞检测算法、面向参数曲面的碰撞检测算法和面向体表示模型的碰撞检测算法等。

（一）面向CSG表示模型的碰撞检测算法

CSG（Constructive Solid Geometry）表示模型用一些基本体素如长方体、球、柱体、锥体和圆环等，通过集合运算如并、交和差等操作来组合形成物体。CSG表示的优点之一是它使得物体形状的建构更直观，即可以通过剪切（交、差）和粘贴（并）简单形状物体来形成更复杂的物体。

Zeiller提出了一种面向CSG表示模型的碰撞检测算法。他将算法分为3个部分：第一部分求出CSG树的每个节点的包围体，用于快速确定可能的相交部分；第二部分对所有CSG树表示的物体创建类似八叉树的层次结构，采用这种结构找到同时包含两物体体素的子空间；在最后一部分，检测子空间中基本体素之间的相交关系。

Su等在算法预处理阶段首先将CSG表示模型转化为边界表示模型（Brep），然后混合两种表示，把每个CSG的基本体素与对应Brep的面片关联起来。此外，还对CSG树中的非叶子节点建构相应包围体，并在相交检测时采用自适应的包围体选择策略以快速确定潜在相交区域，从而提高算法效率。该算法结合了包围体技术的快速性和基于多边形奉示相交检测的精确性来提高碰撞检测算法效率。与Su算法相类似的还有Poutrain等提出的一种混合边界表示的碰撞检测算法。算法利用了包括CSG在内的多种表示方法，将包围体、层次细分和空间剖分等技术融合起来实现实时碰撞检测。

（二）面向参数曲面的碰撞检测算法

Turnbull等提出了一种面向NUBRS表示凸体的碰撞检测算法，该算法借助"支持映射"（support mapping）来求出两凸体之间的距离。"支持映射"通过给定的支持函数（support function）和方向，获取两个凸体之间的最小距离，同时返回两物体距离最近的两个顶点。利用这种思想，Turnbull提高了NUBRS曲面表示物体间的碰撞检测速度。

（三）面向体表示模型的碰撞检测算法

体表示模型用简单体素来描述物体对象的结构，其基本几何构件一般为立方体或四面体。与面模型不同，体模型一般用于软体对象的几何建模，它拥有对象的内部信息，能表达模型在外力作用下的变化特征（变形、分裂等），但其计算时间和空间复杂度也相应增加。

因为体表示模型可以表示物体内部的相关数据，面向体表示模型的碰撞检测算法通常用于虚拟手术。体表示的简单性也使其可用于对碰撞检测算法速度要求极高的应用，如面向触觉反馈的碰撞检测计算。触觉反馈中由于人对触觉的敏感度，系统对碰撞检测的计算要求非常高，通常要求刷新频率达到1000Hz。对于如此高的计算速度要求，除结合具体场景的特点来加速算法外，往往会考虑以牺牲精度为代价来提高碰撞检测的速度。

McNeely等针对Boeing公司飞机设计时所遇到的问题，提出了一种相当快速的面向触觉反馈的实时碰撞检测算法Voxel map PointShell。该算法将整个场景先均匀分割为小的立方体，称为体素（voxel），然后把场景中静止的部分组织为一个类似八叉树的层次结构树，同时从运动物体所占用的体素中获取点壳（Point Shell）来表示运动物体。如此，检测运动物体是否与静止物体发生碰撞就只需判断点壳上的点是否位于包含静止物体的体素之内。该算法的特点是能处理任意形状的物体，碰撞检测速度非常快速且强壮，但遗憾的是它不能有效处理含有大量运动物体的动态场景，且碰撞检测的精度也比较低。

面向特定表示模型的碰撞检测算法一般有其特殊的应用领域，例如，面向CSG表示模型和面向参数曲面表示的碰撞检测多用于CAD应用中，它们检测速度较慢，但一般比较精确。而面向体表示的碰撞检测算法在虚拟手术中较常用，也有用于触觉反馈中的。这类算法的优势在于可以对物体的内部进行处理，并能够达到较快的检测速度，但由于体表示的不精确性使其很难保证碰撞检测结果的精确性。

三、基于层次包围体树的碰撞检测

物体的层次包围体树可以根据其所采用包围体类型的不同来加以区分，主要包括层次包围球树、AABB（Axis Aligned Bounding Box）层次树，OBB（Oriented Bounding Box）层次树，k-dop（Discrete Orientation Polytope）层次树，QuOSPO（Quantized Orientation Slabs with Primary Orientations）层次树以及混合层次包围体树等。图2-14给出了各种包围体二维示意图。对应于每一类的包围体都有一个代表性的碰撞检测算法。下面一一讨论，并对它们的优缺点进行比较。

(a) 包围球　　　(b) AABB包围盒　　　(c) OBB包围盒　　　(d) 6-dop包围体

图2-8　包围体二维示意图

（一）基于AABB层次包围盒树的碰撞检测算法

轴对齐包围盒也称做矩形盒，通常简称为AABB（Axis Aligned Bounding Box），它是一个表面法向与坐标基轴方向一致的长方体。可以用两个定点 a^{min} 和 a^{max} 来表示，其中 $a^{min} \leq a^{max}$，如图 2-9 所示是一个带符号的三维 AABB 示意图。

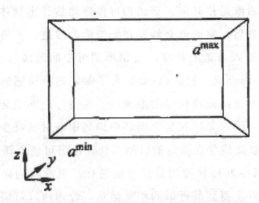

图 2-9 带符号的三维 AABB 示意图

AABB层次包围盒树，是利用 AABB 构建的层次结构二叉树。AABB 的建构比较简单，相互之间的求交也很快捷，但由于包围物体不够紧密，有时会增加许多不必要的检测，反而影响算法效率。

一般的 AABB 树由于包围较松散，会产生较多的节点，导致层次二叉树的节点过多的冗余，从而影响 AABB 树的碰撞检测效率。为此，Bergen 提出了一种有效的改进算法。该算法采用分离轴定理（Separate Axis Theorem）加快 AABB 包围盒之间的相交检测，同时又利用 AABB 局部坐标轴不发生变化的特性加速 AABB 树之间的碰撞检测。他的算法与 Gottschalk 等提出的采用 OBB 树的碰撞检测算法相比，计算性能上相差不大。由于 AABB 树原本就具有建构简单快速、内存开销少的特点，能较好地适应可变形物体实时更新层次树的需要，因此 Bergen 又把他的算法用于进行可变形物体之间的相交检测。

Larsson 等针对可变形物体的碰撞检测问题提出了一种有效建构、更新层次包围盒树的方法。他通过多种启发式搜索策略构建结构良好的 AABB 层次树，并在碰撞检测阶段结合了自顶向下和自底向上的两种层次树更新策略来保证层次包围体树的快速更新，有效加快了变形物体之间碰撞检测的速度。

（二）基于层次包围球树的碰撞检测算法

Palmer 等提出的一种快速碰撞检测算法分为 3 个阶段：首先通过全局包围体快速确定处于同一局部区域中的物体；其次，依据一个基于八叉树建构的层次包围球结构来进一步判断可能的相交区域；最后，检测层次包围球树叶子节点中不同物体面片的相交情况，他提出的层次包围球树算法简单，但处理大规模场景较为困难。

Hubbard 利用球体建构物体的层次包围球树，可以比较快捷地进行节点与节点之间的检测。包围球体与AABB树存在同样的问题，就是包围物体不够紧密，建构物体层次树时会产生较多的节点，导致大量冗余的包围体之间的求交计算。

Hubbard还提出了一种自适应时间步长的技术来解决离散碰撞检测算法可能出现的遗漏和错误检测的情况。其方法的关键是在初步检测阶段，采用了一种称为时空边界的四维结构，其中第四维是指时间。该结构可保守地估计出物体在后面可能的运动位置。当所有边界有重叠后，算法就会触发详细检测阶段进一步进行检测。此外，他还通过在详细检测阶段引入自适应精度，提出所谓可中断的碰撞检测算法（Inter-ruptible Collision Detection Algorithm）为了保证碰撞检测的计算速度，该方法允许在给定的时间内逐步提高碰撞检测的准确度。包围球之间的碰撞检测按层次树的层次逐步增加层次细节，同时算法在每个循环中遇到中断时就减少所有包围球树参加碰撞检测的层次个数，以此确保在指定的时间内快速给出可能不精确的结果。

O'Sullivan等在可中断碰撞检测算法方面进行了更深入的研究工作。该算法通过使用物理响应的优化方法得到最近似的相交信息，合理地降低碰撞检测精度来满足系统响应的时间要求。

（三）基于OBB层次包围盒树的碰撞检测算法

有向包围盒，简称OBB，是一个表面法向两两垂直的长方体，也就是说，它是一个可以任意旋转的AABB。如图2-10所示为一个三维OBB示例，OBB中心点为b，bu、by和bw是3个归一化的正向边相量，hu，hy和hw是从中心b到3个不同平面之间的距离。

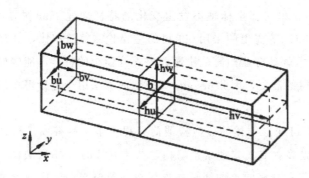

图2-10　三维OBB包围盒

Gottschalk等于1996年提出了一种基于OBB层次包围盒树的碰撞检测算法，称为RAPID算法。他们采用OBB层次树来快速剔除明显不交的物体。OBB的建构方式如图2-11所示。很明显，OBB包围盒比AABB包围盒和包围球更加紧密地逼近物体，能比较显著地减少包围体的个数，从而避免了大量包围体之间的相交检测。但OBB之间的相交检测比AABB或包围球体之间的相交检测更费时。为此，Gottschalk等提出了一种利用分离轴定理判断OBB之间相交情况的方法，可以较显著地提高OBB之间的相交检测速度。

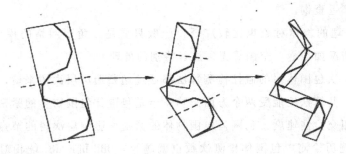

图2-11　OBB的构建方法

算法首先确定了两个OBB包围盒的15个分离轴，这15个分离轴包括两个OBB包围盒的6个坐标轴向以及3个轴向与另外3个轴向相互叉乘得到的9个向量。然后将这两个OBB分别向这些分离轴上投影，再依次检查它们在各轴上的投影区间是否重叠，以此判断两个OBB是否相交。

不同OBB树的叶子节点内包围的三角形之间的相交检测也利用分离轴定理来实现。算法首先确定两个三角形的17个分离轴，它们包括两个三角形的两个法向量、每个三角形的3条边与另一个三角形的3条边两两叉乘所得到的9个向量以及每个三角形各条边与另一个三角形的法向量叉乘得到的6个向量。依次检查这两个三角形在这17个分离轴上的投影区间是否有重叠来获取它们的相交检测结果。

RAPID的缺陷在于无法用来判断两个三角面片之间的距离，只能得到二者的相交结果。此外，RAPID也没有利用物体运动的连贯性，其算法需要有预处理时间，一般只适用于处理两个物体之间的碰撞检测。

（四）基于k-dop层次包围体树的碰撞检测算法

Klosowski等利用离散有向多面体（Discreted Orientaton Polytope或k-dop）建构的层次包围体树来迷行碰撞检测。QuickCD是基于该算法的共享软件包。

k-dop包围体是指由k/2对平行平面包围而成的凸多面体，k为法向量的个数。可以看出k-dop包围体能比其他包围体更紧密地包围原物体，创建的层次树也就有更少的节点，求交检测时就会减少更多的冗余计算。但k-dop包围体之间的相交检测会更复杂一些。Klosowski等通过判别k/2个法向量方向上是否有重叠的情况来判定两个k-dop包围体是否相交。所以，法向量的个数越多，k-dop包围体包围物体越紧密，但相互之间的求交计算就更复杂，因此需要找到恰当个数的法向量以保证最佳的碰撞检测速度。

（五）基于扫成球层次包围体树的碰撞检测算法

PQP（Proximity Queries Package）是Larsen等所提出的算法。它的主要思想源自于RAPID，但又与之不同。PQP所采用的包围体为扫成球包围体（Swept Sphere Volume），并生成SSV层次树。而且PQP不但可以返回相交检测结果，还能进行最近距离和容错值的查询。也就是说，算法并不局限于处理碰撞检测问题，它能处理包括碰撞检测在内的邻近查询。

PQP所能处理的物体对象也比较广泛，一般只要是三角形网格的模型就能处理，对于一些特殊情况如裂缝、空洞等无须进行特别的处理。

所有基于层次包围体树的碰撞检测算法都通过递归遍历层次树来检，物体之间的碰撞。一般地，其算法性能受两个方面影响：一是包围体包围物体的紧密程度；二是包围体之间的相交检测速度。包围体包围物体的紧密度影响层次树的节点个数，节点个数越少，在遍历检测中包围体检测次数也就越少。OBB和k-dop能相对更紧密地包围物体，但建构它们的代价太大，对有变形物体的场景往往无法实时更新层次树。AABB和包围球包围物体不够紧密，但它们的层次树更新快，可用于进行变形物体的碰撞检测。在包围体相交检测的速度方面，AABB和包围球具有明显优势，OBB和k-dop则需要更多的时间，但从总体性能上分析，OBB是最优的。

四、基于图像空间的碰撞检测

Rossignac等利用深度缓存和模板缓存来辅助进行机械零件之间的相交检测。他们通过移动图形硬件的裁剪平面，判断平面上的每个像素是否同时在两个实体之内来确定物体是否相交。

Shinya和Forgue等提出在绘制凸体的同时，保存视窗口中每个像素上物体的最大和最小深度序列，并将它们按大小顺序排列，然后检测物体在某一像素上的最大深度值是否与其最小深度值相邻来判别相交情况。图形硬件可以支持物体最大最小深度的计算。但该方法并不实用，因为它要求大量的内存来保存深度序列，而且从图形硬件中读取深度值本身就非常费时。

Myszkowski等将深度缓存和模板缓存结合在一起进行相交检测。他们用模板缓存值来保存视窗口中每个像素上所代表的射线进入一个物体前和离开其他物体的次数，并读取模板缓存中的值来判断两物体是否相交。该算法仅能处理两个凸体之间的碰撞检测问题。

Baciu和Wong改善了Myszkowski等的方法，他们先用几何的方法确定两物体包围盒的相交区域，然后在该相交区域中利用图形硬件的加速绘制进行相交检测。他们分析了两个物体的各种相交情况，并将这些相交情况按深度值顺序位置进行了分类，同时用模板缓存值来表示这些分类。之后，算法通过检查模板缓存值来判别两物体之间是否发生碰撞。该算法的主要缺点是仅能处理凸多面体或由凸体组成的多面体。

Vassilev等在人体与衣物之间的碰撞检测中采用了基于图像的方法，他们利用深度_存和颜色缓存来判别衣服和虚拟人是否发生碰撞。这种方法利用图形硬件加速了碰撞检测速度，但对虚拟人的姿势有较大限制，且碰撞检测的精度不高。

Hoff等提出的PIVOT（Proximity Information from Voronoi Techniques）算法结合了Voronoi区域的几何特性，利用图形硬件来处理二维模型之间的邻近性查询。

算法首先采用几何的方法快速确定两个平面模型的包围盒的相交区域，然后用图形硬件的帧图像缓存快速找出更准确的相交区域，并生成 Voronoi 图用于进一步计算相交区域的距离场，最终计算出分离距离或刺穿距离以及接触点和法向量等邻近查询所要求的信息。该算法的缺陷在于只能处理二维模型之间的碰撞检测。Hoff 等提出的改进算法已经拓展到三维物体上，可以用图形硬件来处理三维封闭网格表示的物体，包括，非凸物体和可变形物体。该算法同样结合了物体空间的几何技术大致定位潜在的碰撞区域，利用多遍绘制技术以及快速距离域计算方法来加快底层的精确邻近查询。算法对潜在的相交区域进行三维均匀网格采样后，采用体表示该区域，并用图形硬件加速邻近查询或碰撞检测过程。该算法通过混合使用基于几何与基于图像的方法来平衡 CPU 和 GPU 的计算负载。

Kim 等更进一步把基于物体空间和基于图像空间的两种算法结合起来，在利用基于物体空间的方法快速查找出两物体的潜在相交区域后，再利用基于图像的方法快速求出两个物体的分离距离或者刺穿深度，从而达到较好的碰撞检测效率。

Govindaraju 等最近利用图形硬件快速剔除大规模的场景中明显不发生相交的物体，即进行初步检测阶段的物体剔除。然后利用几何的快速相交检测算法得到碰撞检测的结果。该算法与一般的基于图像的碰撞检测算法的不同之处在于使用图形硬件的方式不同。该算法在多物体碰撞检测阶段利用图形硬件加速检测过程，而一般的基于图像的物体在碰撞检测阶段才利用图形硬件加速计算。

Heidelberge 等提出了一种面向体表示，能处理可变形物体的碰撞检测算法。算法首先将两物体的相交区域按层次深度分解为层次深度图（Layered Depth Image），然后通过图形硬件绘制过程来判断两物体在层次深度图的每个像素上是否有相交区间存在，从而确定物体是否发生碰撞。

基于图像的碰撞检测算法的实现一般比较简单，而且它们可以有效利用图形硬件的高性能计算能力，缓解 CPU 的计算负荷，在整体上提高碰撞检测算法效率。随着图形硬件的发展，基于图像的碰撞检测算法还具有广阔的发展前景。但是基于图像的碰撞检测

算法普遍存在以下 3 个缺陷：第一，由于图形硬件绘制图像时本身固有的离散性，不可避免地会产生一定误差，从而无法保证检测结果的准确性；第二，多数基于图像的碰撞检测算法仍只能处理凸体之间的碰撞检测；第三，由于使用图形硬件辅助计算，基于图像的碰撞检测还需要考虑如何合理地平衡 CPU 和图形硬件的计算负荷。

第四节　特效技术

特效技术是虚拟现实系统中不可缺少的组成部分。应用特效技术建立的模型往往使得虚拟场景显得更有生气，更真实。常用的特效技术可以分为 3 大类：过程纹理模

型；基于分形（fractal）理论的算法模型；基于动态随机生长原理的算法模型。

一、过程纹理算法

过程纹理函数均为解析表达的数学模型。这些模型的共性是能够用一些简单的参数来逼真地描述一些箄杂的自然纹理细节。

1. 基于三维噪声函数和治流函数的纹理合成算法

Perlin的三维噪声函数noise（）是过程纹理函数中最有代表性的函数，用这个函数可以生成很多逼真的自然纹理。该函数是以三维空间点坐标作为输入，以标量值作为输出的函数。从理论上来讲，一个良好的噪声应具有旋转平移的统计不变性和频域带宽不变性，以此来保证刚体移动上的可控性和空间取值的非周期性，并且使噪声的分布既不会突变也不会渐变。

Perlin提出了该噪声函数的快速生成算法，该方法采用三维整数网格来定义噪声函数，对每一个网格节点（x，y，z）赋予一个随机数作为该点上的函数值，网格内部点的函数值则通过其所属网格的8个相邻节点的函数值的三线性插值来得到。

用这种方法得到的噪声函数是一个连续函数，因而不会出现函数值突变的现象，但是函数在相邻网格处的梯度不连续，从而使合成效果存在人工痕迹。因此Perlin在三维噪声函数的基础上，又提出了湍流（turbulence）函数模型，该函数由一系列三维噪声函数叠加而成：

$$\text{turbulence}（P）=\sum_{i=0}^{k}\left|\frac{noise（2^i P）}{2^i}\right|$$

其中，P表示空间点（x，y，z），k为满足下列不等式的最小整数：pixelsize$>$ $2^{-(k+1)}$，pixelsize为像素边长，用这种方法选取的k值可以避免湍流函数采样时的走样。采用湍流函数来模拟自然纹理的方法一般都是用湍流函数去扰动预先选取的一些简单而连续的纹理函数，来产生复杂的纹理细节。

（二）基于Fourier合成技术的纹理合成算法

Fourier合成技术是一种非常有效的过程纹理生成技术，它通过将一系列不同频率、不同相位的正弦（余弦）函数叠加来合成纹理。纹理的合成既可以在空间域中进行，也可以在频率域中完成。

以水波纹理的Fourier合成为例，其波纹函数为：

$$H（x，y，t）=\sum_{i=1}^{n}A_i\cos（k\times\sqrt{(x-x_0)^2+(y-y_0)^2}-ct）$$

其中，A，为水波振幅，t为时间，$(x_0 y_0)$为水波中心位置，c为水波扩散速度。该函数的实质是定义了t时刻的水波高度场。随着时间的推移，就可以表现出水波的运动效果。

利用该函数进行水波效果的模拟通常有两种方法：一种方法是将水波函数生成的

纹理作为凹凸纹理映射到该景物表面上；另一种方法是使用该函数生成的高度场直接扰动景物表面。本文采用后一种方法，即高度场波形合成来实现水波的模拟。

二、基于分形理论的算法

分形（fractal）在数学中的精确定义是无限精细的结构和比例自相似性。在计算机图形学领域中被推广到具有准确或者统计自相似性的任何对象。由于自然景物大都具有广泛的自相似特性，因此可以将分形理论引进自然景物的造型技术。

（一）基于分形迭代的算法

基于分形迭代的算法吸收了分形理论的自相似和迭代两个概念，通过定义简单的分形规则，进行多步的迭代来达到最终所需的效果。

通常使用的分形规则可能是一个具有自相似结构的函数或模型，如分形布朗运动（fraction Brownian motion，fBm）模型等。然后将选定的分形模型用一定的方法，例如生成分形曲面的随机中点位移法等，应用于要生成的几何体或纹理，迭代出分形几何体或分形纹理。基于分形迭代的方法在云彩、地形和岩石表面等的模拟上都取得了成功。

（二）基于语法规则的算法

基于语法规则的建模算法以L-系统为基础和代表。1984年，Smith将生物学家Lindenmayer开发的一种描述植物结构和生长形态的建模方法——L-系统引入了计算机图形学领域。

L-系统是一种基于字符串重写机制的建模方法。重写的基本思想是根据预定义的重写规则集不断地生成复合形状并用它来取代初始简单物体的某些部分以定义复杂物体。该系统定义一组有特定含义的字符集合和该字符集中每个字符对应的重写规则，通过对字符集中的字符构成的初始字符串进行反复重写，来生成具有足够精度的建模信息的字符串。

从信息处理的角度上可以认为L-系统是一种对模型信息的压缩存储及其重构机制。事实上，初始字符串是可以表达出需要建模的物体外型的最小信息，而重写机制则是解码该信息重构模型的规则。这种信息压缩的根据就是自然景物的自相似性，而重写也是迭代的一种形式。L-系统在树木、地形和建筑等的模拟上都取得了很好的效果。

三、基于动态随机过程的算法

基于动态随机过程的算法有很多种，如早期的细胞自动机算法，已走向成熟的粒子系统算法和最近的研究热点——基于物理原理的算法等。这类算法着重于对景物的动态过程进行建模和描述，因此在动态性较强的自然景物，如火焰、流水和烟云等的模拟方面取得了很大的成果，其中粒子系统更是已经写入了OpenGL、DirectX等硬件标准中。

（一）细胞自动机方法

细胞自动机方法是早期的过程模型算法。细胞自动机是控制理论中的经典算法，该算法的基本思想是按照一定的规则将空间划分为很多的细胞（cell）单元，并且规定这些细胞的状态集合和状态变迁规则。状态变迁规则的自变量可能只和细胞自身状态有关，但大多数情况下都和周围多个细胞状态有关（邻域传播思想的体现）。每个时刻，细胞都处宁状态集合中的一种状态，并且在下一时刻严格按照状态变迁函数来演变到状态集中的另一种状态。

细胞自动机算法的实质是基于邻域传播思想用状态集来描述物体的动态过程。但是用有限的状态集来描述物体的动态过程毕竟在表现的连续性和完备性上都有很大的局限性。采用连续函数来建立动态变化过程显然更能适应动态性的要求，其后出现的粒子系统方法就采用了这种思想。

（二）粒子系统方法

粒子系统（particle system）方法是迄今为止被认为模拟不规则物体最为成功的一种图形生成算法。粒子系统不是专门针对某一类自然景物设计的，而是从微观上着手，将自然景物定义为微观粒子的集合，通过采用随机过程理论对微观运动的动态性进行约束，从而在宏观上达到对不规则模糊物体的动态性和随机性的描述，因此粒子系统可以用统一的模式来描述不同的动态自然景物。

粒子系统的基本思想是：把不规则、模糊的物体视为一定数量的粒子组成的粒子群体，每个粒子有共同的属性，如颜色、形状、大小、生存期和初速度等。粒子在随时间的变化过程中，按照所赋予的粒子动力学规律改变其状态，这种粒子运动均可以通过受控的随机过程来模拟实现。

在实际工作中，大量的自然现象都可以采用粒子系统来模拟。一个粒子系统是由带有不同属性的物体对象和一些它们符合的行为规范组成的，粒子的创建、消失和运动轨迹由所造型的物体的特性控制，从而形成景物的动态变化。

每个粒子在任一时刻都要用一些属性来和其他粒子区别，常用的有位置、形状、大小、颜色、透明度、运动方向和运动速度等，并随时间推移发生属性的变化。粒子在系统内都要经过"初始化"、"更新"和"死亡"阶段，在某一时刻所有处于活动态的粒子的集合就构成了粒子系统的模型。

粒子系统采用随机过程建立粒子的运动模型，并通过大量粒子的运动来表现不规则模糊物体的整体动态性。用纯粹的粒子系统去模拟粒子，一方面需要大量的粒子，另一方面需要对粒子的运动采用能满足一定真实感的约束。因此粒子系统在发展过程中面临的问题和难点主要集中在以下3个方面。

第一，大量粒子运算的实时性和真实感之间的矛盾。从理论上来讲，粒子数量越多，模拟的真实感越强，但是粒子系统中粒子更新和绘制的运算复杂度与粒子数量成正比，因此增大粒子数量必然会使实时性下降。解决这个矛盾必须要采用一些方法在保证一定真实感的基础上减少粒子的数量。粒子团纹理映射方法，以及后期出现的粒子包络线方法等都是寻求解决这个问题的不同手段。

第二，粒子动态模型的真实性约束方面。简单的构造模型有一定的局限性，因此必须从物理原理中寻求更加精确的建模。基于粒子系统的模拟方法已经越来越多地和基于物理原理的方法相结合。物理原理的使用从最初简单的外力或速度场的动态建模逐步渗透扩展到各种粒子属性变化的动态律模。

第三，粒子的绘制方法。由于粒子数量众多，采用真实的光照模型绘制要耗费大量的计算资源和时间，因此在粒子系统的实时真实感绘制过程中必须寻求快速高效的绘制方法。纹理映射和ALPHA混合是解决这个问题的一种很好的途径。

四、基于物理原理的方法

基于物理原理的方法主要是指对不规则模糊物体的动态性采用精确的物理模型进行建模和约束的一类方法。事实上个人认为基于物理模型的方法和基于粒子系统的方法并没有严格的界限，因为两种方法的分类依据并不统一。基于粒子系统的方法的关注点是采用微小的粒子作为建模的基本单位，而基于物理原理的方法的侧重点则是在对物体的动态过程束上采用精确的物理建模而非经验模型。因此很多基于物理模型的方法在实现上可能同时也是采用粒子作为建模单位的。

基于物理原理的方法起始于科学计算可视化方面的研究。科学计算可视化是计算机图形学领域的一个分支。虽然科学计算可视化并不注重绘制结果的真实感，但是在对复杂物体物理原理的精确建模和绘制方面有很多的理论成果。

随着人类对自然界认识的加深，使得人们对很多自然现象从单纯的感性认识上升到了理性认识的角度，很多自然现象都有了精确或近似的数学模型表述。然而这些数学模型的求解往往需要复杂的运算过程。因此，最初基于物理原理的真实感自然景物模拟只能应用在影视、广告和建筑CAD等非实时领域。但是，随着数学理论和计算机硬件的发展，越来越多的物理方法被计算机图形学的研究人员引入到了实时真实感模拟之中。

基于物理原理方法的模型中，其参数都具有比较明显的物理属性，比较容易理解和施加控制。不同的自然景物通常都具有各自的物理原理背景，例如，火焰的燃烧要遵循燃烧学的公式，电弧发光要遵循黑体发光模型。在火焰、烟云和流水的模拟领域，气体和液体的流动传播都需要遵守流体动力学的基本公式。因此，以流体动力学（Fluid Dynamics）及其专门研究其数值解法的计算流体动力学（Computational Fluid Dynamics，CFD）为基础的物理模拟方法成为了自然景物模拟领域的研究热点。

五、几种具体特效物体的算法发展

(一) 流水的模拟

流水的模拟，根据流动情况的不同，模拟的情况也不尽相同。流水模拟大致上可以分为流场的模拟、波浪的模拟、喷泉和瀑布的模拟等情况。在水流的模拟方面，国内外都取得了很大的成就。

对流场的情况大多采用基于流体动力学物理模型的方法。M.Kass、G.Miller采用对角线线性方程组迭代方法来求解浅水波方程，并基于求解结果绘制高度场。这种快速稳定的解法可以取得较好的视觉效果，并且还可以处理网格拓扑变化的边界条件情况。D.Enright、R.Fedkiw等提出了被称为"粒子水平集（Particle Level Set）"的非实时复杂水面绘制方法，通过水平集（欧拉法）和粒子系统（拉格朗日法）结合的方法，对水流模拟的宏观效果（如海浪）和微观效果（如水倒入杯中）都可以获得逼真的结果。张尚弘等将粒子系统与物理方法结合，采用距离倒数加权法和运动记录法简化完成速度场时空插值，并将数学模型计算出的Eular场转换为Lagrange场，来完成粒子运动的更新。该方法在模拟大范围的水流场景中取得了一定的效果。

在雨雪瀑布等水花飞溅细节较为丰富的现象的真实感绘制方面，主要是采用以粒子系统为主的方法。万华根等将流体动力学与粒子动力学方程结合，建立了一个可控参数的喷泉粒子系统，得到了较为真实的喷泉水流视觉效果。管宇等用线元为基本造型单位并基于动力学基本原理模拟瀑布的运动轨迹，很好地实现了真实感实时瀑布飞溅的模拟效果。

(二) 火焰的模拟

在火焰的模拟方面，粒子系统和物理方法一直占据着主流地位，有很多成功的研究成果和多种结合的方法。

国内方面，张芹等在总结国内外学者所建立的各种火焰模型的基础上，提出了一种基于粒子系统的火焰模型，研究了模型参数变化对显示效果的影响，该模型引入了结构化粒子及表现风力的随机过程，能生成不同精细程度的火焰图形。杨冰等提出一种利用景物特征的空间相关性提取特征点，简化粒子系统建模的算法。对于火焰，该算法对纺锤体的火苗表面采用简单的三角剖分，以这些三角形的顶点作为火焰的特征点，这些特征点按照一定规则就可以被定义为粒子系统中的粒子。林夕伟等结合B样条曲线和粒子系统来勾勒火焰的中心骨架和外轮廓，映射边缘检测后的真实火焰纹理，并由噪声函数建立粒子速度场，这种方法在保持真实感的基础上可以有效节约粒子数量。

国外方面，C.Perry和R.Picard根据燃烧学理论提出了火焰燃烧的速度传播模型，N.Chiba等给出了物体之间热交换的计算方法，提出了用温度和燃料浓度表示的火焰传播模型。T.Stam在此基础上根据流体动力学理论建立了火焰点燃、燃烧和熄灭的三维模型，他认为火焰的扩散过程是由气体物理量的时空变化来表示的，这些物理量的变化符合流体动力学中的基本方程，并采用其中的能量守恒方程（热力学第一定律）的简化形式——扩散方程给出了火焰的传播模型。D. Q. Nguyen 等人提出了一种基于物理模型的非实时真实感火焰绘制方法，该方法采用可压缩流体的 Navier-Stokes 方程为汽化燃料和气态燃烧生成物建立各自的模型，并提出了汽化燃料转变为燃烧生成物的化学反应中的物质能量交换模型和固体燃料汽化的模型。采用黑体发光模型对燃烧生成物、烟和灰等进行绘制。该方法可以获得逼真的效果，并且可以处理火、烟与物体的碰撞检测以及可燃物点燃的情况。

（三）烟云的模拟

在烟云的模拟领域中，在过程纹理、分形模型、粒子系统和物理模型方面都有着广泛的研究成果。在过程纹理方面，K. Perlin 提出了湍流噪声函数；G. Y. Gandner 提出了天空平面、椭球体和数学纹理函数组成的云模型，并提出了一个由三维纹理函数合成的纹理函数；采用噪声函数可以生成很逼真的云纹理图像，但计算量较大。在分形模型方面，T. Nishita 等提出了云的二维分形建模方法，随后又有人提出了三维分形建模方法；Y. Donashi 等人提出基于分形几何的原理，利用变形球建立云的模型。在粒子系统和物理模型方面，M. Unbescheiden 等利用浮力原理、理想气体定律以及冷却定律等云的物理原理建立粒子系统，并采用纹理映射绘制技术对云进行绘制，从而实现云的粒子系统实时真实感模拟。刘耀等用带颗粒纹理的平面代替粒子，并采用 Billboard 技术控制纹理平面的绘制朝向，使用粒子系统生成了导弹飞行航迹及烟雾的特效生成算法。J. Stem 将 Navier-Stokes 方程分解为 4 个步骤的迭代求解，该算法快速稳定，在保证良好实时性的前提下可以达到很好的视觉效果。

（四）其他自然景物的模拟

对树木的模拟主要采用分形算法中基于文法的算法。美国生物学家 Lindenmeyer 提出了一种基于字符串重写机制的 L-系统来对树木进行建模。该系统可用简洁有效的方法来概括树木的拓扑形状和分级结构。

对光线的模拟方面，Reed 和 Wyvill 根据观察提出了一种经验模型，该模型通过让主枝以平均 16°的旋转夹角衍生子枝的方式生成光线。T. Kim 和 M. C. Lin 采用基于电解质离解（DBM）物理模型绘制持续跳动的光线，并使用简化的 Helmholtz 方程表示电磁波的传播，采用 Monte Carlo 光线跟踪法来绘制光线，可以达到很高的真实感。

第五节 交互技术

虚拟现实（VR）系统中的人机交互技术主要是发展和完善三维交互。虚拟环境产生器的作用是根据内部模型和外部环境的变化计算生成人在回路中的逼真的虚拟环境，人通过各种传感器与这个虚拟环境进行交互。根据 J. J. Gibson 的概念模型，交互通道应该包括视觉、听觉、触觉、嗅觉、味觉和方向感等。

一、视觉通道

虚拟环境产生器通过视觉通道产生以用户本人为视点的包括各种景物和运动目标的视景，人通过头盔显示器（HMD）等立体显示设备进行观察。视景的生成需要计算机系统具有很强的图形处理能力并配合合适的显示算法，而且显示设备应具备足够的显示分辨率。视觉通道是当前VR系统中研究最多、成果最显著的领域。在该领域中，对硬件的迫切要求是提高图形处理速度，最困难的问题是如何减少图像生成器的时间延迟*关键技术是如何在运算量与实时性之间取得折中。人类的视觉系统极其敏感和精巧，稍微不符合人的视觉习惯的视景失真，人的'眼睛都能觉察到。当这种失真（比如显示分辨率太低，或视觉参数的变化与屏幕显示的变化间延迟太大）超过人类视觉的生理域值时，就会出现不适症状。

二、听觉通道

听觉通道为用户提供三维立体音响。研究表明，人类有，15%的信息量是通过听觉获得的。在VR系统中加入三维虚拟声音，可以增强用户在虚拟环境中的沉浸感和交互性。关于三维虚拟声音的定义，虚拟听觉系统的奠基者 Chris Currell 曾给出如下描述："虚拟声音：一种已记录的声音，包含明显的音质信息，能改变人的感觉，让人相信这种记录声音正实实在在地产生在真实世界之中。"在VR系统中创建三维虚拟声音，关键问题是三维声音定位。具体地说，就是在三维虚拟空间中把实际的声音信号定位到特定的虚拟声源，以及实时跟踪虚拟声源位置变化或景象变化。

最早的商用三维听觉定位系统是应 NASA Ames Research Center 的要求，由 Crystal River Engineering Inc. 公司研制的，名称为 Convolvotron 听觉定位系统。该系统在 VPL 公司以 Audio sphere 名称出售。

Convolvotron 中用的空间声合成方法是由 Wenzel 提出的。该方法的基本思想是利用对应于相邻两个数据块冲击响应的权值和指针分别计算初期和后期插值滤波，并通过衰减插值得到时变响应对。然后对数据样本卷积（Convolvotron），得到对应于每个立体声通道的输出。Convolvotron 系统由两个主要成分和一个主计算机所组成。主计算机必须是 IBM PC 或功能相同的计算机。系统的中心计算部分包括 4 个 INMOSA 2100 可级联的数字信号处理器。该系统是当前最成功的三维听觉定位系统。另外，针对 VR 系统中常常存在多种声源，例如击中目标时、爆炸声伴随解说词等，郑援等人提出了一套利用多媒体计算机实时立体声合成的简化算法，解决了多声源环境的实时混声问题。

三、触觉与力反馈

严格地讲，触觉与力反馈是有区别的。触觉是指人与物体对象接触所得到的感觉，是触摸觉压觉、振动觉和刺痛觉等皮肤感觉的统称。力反馈是作用在人的肌肉、关节和筋腱上的力。在VR系统中，由于没有真正抓取物体，所以称为虚拟触觉和虚拟力反馈。

只有引入触觉与力反馈，才能真正建立一个"看得见摸得着"的虚拟环境。由于人的触觉相当敏感，一般精度的装置根本无法满足要求，所以触觉与力反馈的研究相当困难。对触觉与力反馈的研究成果主要有力学反馈手套、力学反馈操纵杆、力学反馈表面及力学阻尼系统等。但迄今为止，还没有令用户满意的商品化触觉/力反馈系统问世。对触觉的研究可能是VR系统研究人员面临的最大挑战。据报道，美国麻省SensAble Techndogies公司研制开发的具有力反馈的三维交互设备PHANTOM及其配套的软件开发工具GHOST性能良好，获得了用户的好评，美国的通用电器公司、迪斯尼公司、日本的丰田公司以及美国、欧洲、亚洲的大学和研究所等都在使用该系统。

四、用户的输入

用户的输入指计算机系统如何感知用户的行为，包括：实时检测人的头的位置和指向；准确地获得人的手的位置和指向，以及手指的位置和角度等。

对于人的头部位置和指向的跟踪检测主要是通过安装在头盔上的跟踪装置实现的，跟踪方法主要有基于机电、电磁、声学以及光学等技术的方法。比较著名的有Polhemus公司的3种基于交流电磁技术方位跟踪器：Isotrak、3Space和Fastrak。对于手的检测与跟踪主要是采用数据手套（DataGloves），典型的数据手套有VPL公司的DataGlove，Exos公司的精巧手控设备（The Dextrons Hand Master），Mattel公司的Power Glove和Virtex公司的Cyber Glove。

五、语音识别与合成

语音识别与合成是计算机语音技术的两个重要方面。语音识别就是让计算机识别用户的语音命令甚至会话内容。它主要包括采样、确定输入信号（单元或单词）的起始端或终止端、由数字滤波器计算语音谱、音调轮廓图的估价、分解输入信号、单词识别和对输入信号做出响应7个基本过程。语音合成又称为码声器，功能是通过计算机把数字信息变成语音输出。它包括ROM存储、译码、数字语音合成、D/A转换和语音输出5个基本过程。语音识别与合成是语音处理的互逆过程。相比之下，语音识别更复杂一些。

对语音技术的研究早在20世纪30年代就开始了。进入20世纪70年代以后，语音技术在以下几个方面取得了许多实质性进展：用于语音信号的信息压缩和特征提取的线性预测分析技术；用于以线性预测编码表示语音参数时相似度测量的线性预测残差；用于输入语音与参考样本之间时间匹配的动态规划方法；一种新的基于聚类分析的数据压缩编码的矢量量化方法等。语音技术产品开始进入商业市场，例如，由 F. Lanagan 报道的"实验的航空查询和购票服务系统"，报道的日本新干线火车预约座位系统等。在军事应用系统中，机载的计算机语音指令系统是美国空军研究的新技术之一。这种技术可承担驾驶员的视觉负荷，进行非接触控制，实现了真正的人机对话。该研究项目于1982年年底开始在 AFTI/F-16 先进战斗机技术综合验证机上进行语音指令识别的试飞，结果表明：在低噪声时识别率为100%；在高噪声时识别率为80%。

当前，语音技术已成为人机交互的重要研究内容。国外有实力的大公司如 Apple 公司、Motorola 公司和 IBM 公司都投入了大量资金进行应用开发。有的语音技术产品已开始走进普通家庭，如 IBM 公司开发的 ViaVoice6.0 系统。在国内，该领域的研究主要得到国家"863"项目资助。毫无疑问，随着研究的深入和技术的成熟，语音识别与合成将成为 VR 系统中重要的人机交互形式，使人机交互从目前的 WIMP—窗口（Window）、图标（Icon）、菜单（Menu）和定位器（Pointer）阶段向着自然交互的方向前进一大步。

第三章 虚拟现实技术的相关软件

第一节 三维建模软件

人们生活在三维世界中，采用二维图纸来表达几何形体显得不够形象、逼真。三维建模技术的发展和成熟应用改变了这种现状，使得产品设计实现了从二维到三维的飞跃，且必将越来越多地替代二维图纸，最终成为工程领域的通用技术。因此，三维建模技术也成为工程技术人员所必须具备的基本技能之一。三维建模必须借助相关软件来完成，这些软件常被称为三维建模系统。各种三维建模软件虽然功能、操作方式不完全相同，但基本原理类似，学会使用一种建模软件后，再学习其他软件将非常容易。

一、3ds Max

3ds Max 是最大众化的且被广泛应用的设计软件，它是当前世界上销售量最大的三维建模、动画及渲染软件，广泛应用于视觉效果、角色动画及游戏开发领域。它是AutoDesk 公司开发的三维建模、渲染及动画的软件，在众多的设计软件中，3ds Max是人们的首选，因为它对硬件的要求不太高，能稳定运行在 Windows 操作系统上，容易掌握。

（一）3ds Max **简介**

3ds Max 是由 Autodesk 公司旗下的 Discreet 子公司推出的三维动画制作软件。以其灵活的操作方式、强大的动画功能和超强的外挂插件能力在众多软件中脱颖而出，更因其易学易用而受到广大用户的好评。3ds Max 广泛应用于广告、影视、工业设计、建筑设计、多媒体制作、游戏、辅助教学以及工程可视化等领域，并与虚拟现实软件全面兼容。

3ds Max 在产品设计中，不但可以做出真实的效果，而且可以模拟出产品使用时的工作状态动画，既直观又方便。3ds Max有三种建模方法：Mesh（网格）建模、Patch（面片）建模和Nurbs建模。人们最常使用的是Mesh建模，它可以生成各种形态，但对物体的倒角效果却不理想。

3ds Max的渲染功能也很强大，而且还可以连接外挂渲染器，能够渲染出很真实的效果及现实生活中看不到的效果。还有就是它的动画功能，也是相当不错的。

与其他建模软件相比，3ds Max具有以下优势：

（1）它有非常好的性能价格比，而且对硬件系统的要求相对来说也很低，一般PC普通的配置就可以满足学习的要求。

（2）它的制作流程非常简洁，制作效率高，对于初学者来说很容易进行学习。

（3）它在国内外拥有最多的使用者，便于大家交流学习心得与经验。

（二）3ds Max的操作界面

3ds Max的界面主要由菜单栏、主工具栏、命令面板、工作视图、视图控制区、轨迹栏、动画控制区、状态提示区和Max命令输入区9大部分组成。各部分的功能如下。

1. 菜单栏

菜单栏位于屏幕上方，共有14个菜单项。

（1）文件

该菜单项中的命令主要完成文件的打开、新建、存储、导入、导出和合并等操作。

（2）编辑

该菜单中的命令主要完成对场景中的物体进行复制、克隆、删除和通过多种方式选择物体等功能，并能撤销或重复用户的操作。

（3）工具

该菜单中的命令主要完成对场景中的物体进行镜像、阵列、对齐、快照和设置高光点等操作。

（4）组

用于将场景中选定的物体进行组合，作为一个整体进行编辑。其中包括成组、解组、打开组、关闭组、附加、分离和炸开等操作。

（5）视图

用来控制3ds Max工作视图区的各种特性，包括视图的布局、背景、栅格显示设定、视图显示设定和单位设定等功能。

（6）创建

用于在场景中创建各种物体，包括三维标准基本几何体、三维扩展基本几何体、AEC建筑元件物体、复合物体、粒子系统，NURBS曲面、二维平面曲线、灯光、摄影机、辅助物体和空间扭曲等。

（7）修改器

提供对场景中的物体进行修改加工的工具，其中包括选择修改器、面片/曲线修改器、网格修改器、运动修改器、NURBS曲面修改器和贴图坐标修改器等功能。

（8）Reactor（反应堆）

Reactor的功能十分强大，它使用户能够控制运动物体来模仿复杂的物理运动，在该菜单中可以完成Reactor物体的创建、编辑和预演等操作。

（9）动画

该菜单提供制作动画的一些基本设置工具，包括IK节点的设定、移动控制器、旋转控制器、缩放控制器和动画的预览等。

（10）图表编辑器

该菜单提供用于管理场景及其层次和动画的图表窗口。

（11）渲染

该菜单主要提供渲染、环境设置、效果设定、后期编辑、材质编辑和光线追踪器设定等许多功能，且新增若干关于预览和内存管理的功能。

（12）自定义

该菜单提供定制用户界面，自定界面的加载、保存、锁定和转换等操作，还可以完成视图、路径、单元和栅格的设置功能。

（13）Max Script（脚本）

该菜单主要提供在3ds Max中进行脚本编程的功能，包括脚本的新建、打开、保存、运行和监测等功能，而且6.0版本以后还新增了Visual Max Script可视化脚本编程功能。

（14）帮助

该菜单提供帮助信息，包括3ds Max的使用方法、Max Script脚本语言的参考帮助和附带的实例教程等。

2.主工具栏

主工具栏的按钮包括历史记录、物体链接、选择控制、变换修改、操作控制、捕捉开关、常用工具、常用编辑器和渲染等。由于工具栏的按钮较多，屏幕显示如下，可以将鼠标指针放在主工具栏的空白处，此时鼠标指针变为小手形状，拖动鼠标就可以移动工具栏。

3.工作视图区

工作视图区由4个视图组成，依次为顶视图、左视图、前视图和透视视图。

4.命令面板

命令面板是3ds Max中最重要的部分，提供物体的创建、修改，层级动画的编辑等操作。命令面板一共由6个子面板组成，依次是"创建"面板、"修改"面板、"层级"面板、"运动"面板、"显示"面板和"实用工具"面板，并且以选项卡的形式组织，通过单击这些选项卡可以进入相应的命令面板，有的面板还包括子面板。

5. 视图控制区

视图控制区共由 8 个按钮组成，用来调整观察角度和观察位置，以便从最佳的角度观察物体。

6. 轨迹栏

在 3ds Max 中制作动画以帧为单位，但在制作时并不需要将每一帧都制作出来，而是将决定动画内容的几个主要帧确定下来，然后由系统通过在这几个帧的中间进行插值运算，自动得到物体在其他帧中的状态，从而得到连续的动画，习惯上将这几个主要的帧称为关键帧。

轨迹栏位于工作视图区的下方，包括上下两个部分。上面的部分称为时间滑块，在拖动时间滑块时，其上可以指示出当前的帧数，这样就可以方便地进行帧的定位，单击时间滑块两边的按钮可以一帧一帧地移动滑块；下面的部分称为关键帧指示条，可以清楚地知道关键帧的总数和每一个关键帧的位置，最右面的数字代表当前动画的总帧数，如在第 20 帧的位置上定义一个关键帧，那么在关键帧指示条中第 20 帧的位置上就会出现一个深色的标记，代表这一帧是关键帧。

7. 动画控制区

动画控制区在视图控制区的左边，主要提供动画记录开关按钮以及播放动画的一些控制工具，并可以完成对动画时间、播放特性的一些设定工作。

8. 状态提示区

状态栏位于界面的下方，X、Y、Z 三个显示框提供当前物体的位置信息，当进行物体编辑时，还可以提供相应的编辑参数。此外，在下面的状态提示栏中还可以实时地提供下一步可进行的操作。

9. Max 命令输入区

该区位于界面的左下角，用于输入简单的 MaxScript 脚本语句并编译执行，而复杂的语句则要通过脚本编辑器来完成。

二、Maya

Maya 是美国 Autodesk 公司出品的世界顶级的三维动画软件，应用对象是专业的影视广告、角色动画、电影特技等。Maya 功能完善，操作灵活，易学易用，制作效率极高，渲染真实感极强，是电影级别的高端制作软件。

Maya 售价高昂，声名显赫，是动画制作者梦寐以求的制作工具。掌握了 Maya，会极大地提高制作效率和品质，调节出仿真的角色动画，渲染出电影一般的真实效果，使制作者向世界顶级动画师迈进。

Maya 集成了 Alias, Wavefront 最先进的动画及数字效果技术。它不仅包括一般三维和视觉效果制作的功能，而且还与最先进的建模、数字化布料模拟、毛发渲染、运动匹配技术相结合。Maya可在Windows NT与SGI IRIX操作系统上运行。在目前市场上用来进行数字和三维制作的工具中，Maya是首选解决方案。

（一）Maya软件的3D建模功能

Maya软件是使制作者可以从容应对角色创建和数字动画制作的挑战，为制作者提供基于强大的可扩展CG流程核心，而打造出功能丰富的集成式3D工具。Maya软件的3D建模功能包括以下10个方面：

1. 形状创作工作流（增强功能）

借助更加完整的工作流，为角色装备提供艺术指导。借助全新的姿势空间变形工具集、混合变形UI和增强的混合形变变形器，制作者能够更精确、更轻松地实现想要的效果。

2. 对称建模（增强功能）

借助镜像增强功能和工具对称改进，可更加轻松地进行对称建模。借助扩展的工具对称，制作者可以胸有成竹地实现完全无缝的网格。

3. 全新雕刻工具集

以更艺术和直观的方式对模型进行雕刻和塑形。新的雕刻工具集在以前版本的基础上实现了巨大提升，提供了更高的细节和分辨率。笔刷具备体积和曲面衰减、图章图像、雕刻UV等功能，并支持向量置换图章。

4. 简化的重新拓扑工具集

优化网格以产生更清晰的变形和更好的性能，四边形绘制工具将放松和调整功能与软选择和交互式边延伸工具集成。

5. 多边形建模

享受更可靠的多边形建模。利用高效的图库，可对多边形几何体执行更快速一致的布尔运算操作。使用扩展的倒角工具生成更好的倒角。更深入集成的建模工具包可简化多边形建模工作流。

6. OpenSubdiv支持

此功能由Pixar以开源方式开发，并采用了Microsoft Research技术。同时使用平行的CPU和GPU架构，变形时显著提高了绘制性能。以交互方式查看置换贴图，无需进行渲染。紧密匹配Pixar的RenderMan渲染器中生成的细分曲面。

7. UV工具集

借助于多线程展开算法和选择工作流，制作者可以快速创建和编辑复杂UV网格并获取高质量的结果，轻松切换棋盘和压缩着色器，实现对UV分布的可视化。Maya支持加载、可视化和渲染UDIM以及UV标记纹理序列，使用Mudbox 3D数字雕刻和纹理绘制软件以及某些其他应用程序提供更简化的工作流。

8. 多边形和细分网格建模

利用经实践检验的直观3D角色建模和环境建模工具集创建和编辑多边形网格，基于 dRaster 中 NEXT 具集的技术构建了集成式建模功能集，工具包括桥接、刺破、切割、楔形、倒角、挤出、四边形绘制和切角顶点。制作者可在编辑较低分辨率的代理或框架时预览或渲染平滑细分网格。

多边形和细分网格建模功能还包括：

①真正的软选择、选择前亮显和基于摄影机的选择消隐。

②用于进行场景优化的多边形简化、数据清理、盲数据标记和细节级别工具。

③可在不同拓扑结构的多边形网格之间传递 UV、逐顶点颜色和顶点位置信息。

④基于拓扑的对称工具用于处理已设置姿势的网格。

9. 曲面建模

通过 NURBS 或层次细分曲面使用相对较少的控制顶点创建在数学上具有平滑性的曲面，为细分曲面的不同区域增加复杂度。借助对参数化和连续性的强大控制能力，实现 NURBS 曲面的附加、分离、对齐、缝合、延伸、圆角或重建。将 NURBS 和细分曲面与多边形网格进行相互转化，使用基于样条线的精确曲线和曲面构建工具。

10. UV、法线和逐顶点颜色

使用简化的创意纹理工作流创建和编辑 UV、法线和逐顶点颜色（CPV）数据，软件、交互式或游戏内 3D 渲染需要额外的数据，多个 UV 集允许针对各纹理通道分别使用纹理坐标。通过实例 UV 集使用单个网格来表示多个对象，针对游戏设计，提供多套可设置动画的 CPV、预照明、用户定义法线以及法线贴图生成。

（二）Maya 和 3ds Max 的区别

现如今 Maya 和 3ds Max 同为 Autodesk 旗下的主力，二者并无优劣之分，但用途却有不同，它们两者的区别主要体现在以下 4 个方面：

1. 工作方向

3ds Max 的工作方向主要是面向建筑动画，建筑漫游及室内设计。

2. 用户界面

Maya 的用户界面比 3ds Max 更人性化，Maya 是 Alias 公司的产品，作为三维动画软件的后起之秀，深受业界欢迎和钟爱。

3. 软件应用

Maya 软件主要应用于动画片制作、电影制作、电视栏目包装、电视广告、游戏动画制作等。3ds Max 软件主要应用于动画片制作、游戏动画制作、建筑效果图、建筑动画等。

4. 功能

Maya 的 CG 功能十分全面，包括建模、粒子系统、毛发生成、植物创建、衣料仿真等等。可以说，从建模到动画，到速度，Maya 都非常出色。Maya 主要是为了影视应用而研发的。而 3ds Max 拥有大量的插件，可以以最高的效率完成工作。

三、Autodesk 123D

Autodesk 123D是欧特克公司发布的一套相当神奇的建模软件，有了它，你只需要简单地为物体拍摄几张照片，它就能轻松自动地为其生成3D模型。拥有此软件后，不需复杂的专业知识，任何人都能从身边的环境迅速、轻松地捕捉三维模型，制作成影片上传，甚至，你还能将自己的3D模型制作成实物艺术品。更让人意外的是，Autodesk 123D还是完全免费的，让人们能很容易接触和使用它。它拥有6款工具，其中包含Autodesk 123D Catch、Autodesk 123D Make、Autodesk 123D Sculpt、Autodesk 123D Creature、Autodesk 123D Design以及Autodesk 123D Tinkercad。

（一）Autodesk 123D Catch

Autodesk 123D Catch利用云计算的强大能力，可将数码照片迅速转换为逼真的三维模型。只要使用傻瓜相机、手机或高级数码单反相机抓拍物体、人物或场景，人人都能利用Autodesk 123D将照片转换成生动鲜活的三维模型。通过该应用程序，使用者还可在三维环境中轻松捕捉自身的头像或度假场景。同时，此款应用程序还带有内置共享功能，可供用户在移动设备及社交媒体上共享短片和动画。

（二）Autodesk 123D Make

当3D模型制作好之后，就可以利用Autodesk 123D Make将它们制作成实物了。它能够将数字三维模型转换为二维切割图案，用户可利用硬纸板、木料、布料、金属或塑料等低成本材料将这些图案拼装成实物。

（三）Autodesk 123D Sculpt

Autodesk 123D Sculpt让我们走入了多半不会亲手尝试的艺术领域——雕塑。它是一款运行在iPad上的应用程序，可以让每一个喜欢创作的人轻松制作出属于他自己的雕塑模型，并且能在这些雕塑模型上绘画。Autodesk 123D Sculpt内置了许多基本形状和物品，例如圆形和方形，人的头部模型、汽车、小狗、恐龙、蜥蜴、飞机，等等。

使用软件内置的造型工具，也比使用石雕凿和雕塑刀容易多了。通过拉升、推挤、扁平、凸起等操作，Autodesk 123D Sculpt里的初级模型很快拥有极具个性的外形。接下来，通过操作工具栏最下方的颜色及贴图工具，模型就不再是单调的石膏灰色了。另外，模型所处背景也是可以更换的。通过此软件可以使使用者将充满想象力的作品带到一个全新的三维领域。此软件更可以将在SketchBook中创作的作品作为材质图案，把其印在那些三维物体表面上。

（四）Autodesk 123D Creature

Autodesk 123D Creature是一款基于IOS的3D建模类软件，可根据用户的想象来创造出各种生物模型。无论是现实生活中存在的，还是只存在于想象中的怪物，都可以用 Autodesk 123D Creature 创造出来。用户通过对骨骼、皮肤以及肌肉、动作的调整和编辑，创建出各种奇形怪状的 3D 模型。同时，Autodesk 123D Creature 已经集成了 Autodesk 123D Sculpt 所有的功能，是一款比 Autodesk 123D Sculpt 更强大的 3D 建模软件，对喜欢思考和动手的用户来说是一个不错的选择。

（五）Autodesk 123D Design

Autodesk 123D Design 是一款免费的 3D CAD 工具，使用者可以用一些简单的图形来设计、创建、编辑三维模型，或者在一个已有的模型上进行修改。利用 Autodesk 123D Design 创建模型就像是在搭积木一样简单，使用者可以随心所欲地进行建模。

（六）Tinkercad

Tinkercad 是一款发展成熟的网页 3D 建模工具。Tinkercad 有非常体贴用户的 3D 建模使用教程，手把手指导用户使用 Tinercad 进行建模，让用户很快上手。在功能上，Tinkercad 和 123D 系列的另一款产品 123D Design 非常接近，但是 Tinkercad 的设计界面色彩鲜艳可爱，操作更容易，很适合少年儿童使用进行建模。

四、医学 3D 建模软件（Materialise Mimics 和 3D-Doctor）

在医学实践中，医学模型的功效已经得到了充分体现。不管是在术前规划还是在与患者沟通的过程中，医学模型都提供了很多便利，医学模型在整个业界得到了广泛的应用。通过快速成型制造技术可以创建准确、真实、有形的模型，人们利用实体模型可以方便地探究和评估患者的情况，更好地了解特定病理，从而做出医学诊断。因此，3D 模型可以说是患者或医疗团队讨论治疗方案的绝佳工具，甚至允许人们在手术前将弯板和植入件安装到模型内。目前，Materialise Mimics 和 3D-Doctor 是医学领域的两种常用建模软件。

（一）Materialis Mimics

Mimics 是 Materialise 公司发明的交互式的医学影像控制系统，是一个交互式的工具箱，提供了断层图像（CT、microCT、MRI……）的可视化、分割提取，以及对象的三维渲染。Mimics 为用户提供了许多工具来进行由二维图像到三维对象的转化，并且为其在不同领域的后续应用提供了链接。

Mimics 为断层图像在以下领域的应用提供了链接：

（1）快速原型制造

（2）可视化

（3）有限元分析

（4）计算流体力学

（5）计算机辅助设计

（6）手术模拟

（7）多孔结构分析

总体来说，Mimics是一套高度整合而且易用的3D图像生成及编辑处理软件，它能输入各种扫描的数据（CT、MRI），建立3D模型进行编辑，然后输出通用的CAD（计算机辅助设计）、FEA（有限元分析）、RP（快速成型）格式，在PC机上进行大规模数据的转换处理。

Mimics是模块化结构的软件，可以根据用户的不用需求有不同的搭配。

Mimics的主要优势：

（1）Mimics界面友好容易掌握。

（2）快速的分割工具（基于阈值和轮廓）和精确的三维计算保证了快捷的取道精细的三维模型。

（3）Mimics在IOS环境下开发，具有CE和FDA市场认证。

（4）Mimics基于市场要求持续开发，每年有两个版本的更新。

（5）当Mimics和3-matic被联合应用时，用户可以直接在STL文件的基础上进行设计和网格操作，无须逆向工程。这使用户可以基于解剖数据改进植入体及设计客制化的植入体和手术导板。

（6）Mimics的开发商Materialise是创新软件和加法制造技术的世界领跑者。

（二）3D-Doctor

3D-Doctor是美国Able Software公司开发的一个医用三维图形建模系统，该系统自推出以来已经在全球的一流医院和医疗机构中诸如斯坦福医疗研究中心、挪威国家医院、麻省理工学院、哈佛大学等得到广泛使用并获得极高的评价。该软件可以运行三维图像分割、三维表面渲染、体积渲染、三维图像处理、反卷积、图像登记、自动队列、测量，以及其他很多功能。

该系统支持常用的二维、三维图像格式：DICOM、TIFF、BMP、JPEG、Interfile、PNG、Raw Image Data等等，支持存储在SLC、BND、DXF和ASCII文件中的等高线及边界数据。通过3D-Doctor的通用图像配置和输入模块，能读取未知格式的图像文件，将二维图像序列组织为文件列表，最终构建为3D图像。支持1位黑白，8位/16位灰度，4位/8位/24位彩色图片，具备图像数据类型转化功能。

3D-Doctor支持与TWAIN兼容的胶片和图片扫描仪，将胶片扫描输入，结合3D-DOCTOR基于模板的胶片分割功能，只要轻点几下鼠标，就可以得到二维断层图像序列。

该系统使用软件提供的工具从CT、MRI或其他图像数据源中获取三维模型数据，并将表面渲染结果和模型数据以DXF（AutoCAD），3DS（3D Stutio）、IGES、VRML、STL、Wavefront OBJ、Rawtriangles等图像格式输出。

该系统可以将各个器官定义为不同的对象，提取出对象边界，用3D-Doctor提供的两种方法，在几分钟之内就能完成对象的三维表面渲染，诸如材质、色彩、视角等参数可以交互式调整。3D-Doctor支持多个对象同时显示，以清楚地表现复杂的结构，有助于临床诊断和手术计划。3D-Doctor支持多种立体渲染方法：透明（体素为透明的）、直接对象（只显示表面体素）和最大密度（沿着光线方向，只显示最亮的体素），并且可以在普通的PC机上实时进行。

3D-Doctor在两个窗口显示一个三维图像：视图窗口显示三维图像中一个选定断层图像，剪辑窗口显示三维图像中所有断层图像的缩略图，用鼠标双击剪辑窗口中任意缩略图，就可以选中该断层图像，并在视图窗口中显示。使用3D-Doctor的调色板，可以将窗口显示调整成伪彩色、红色、绿色、蓝色或灰度。三维表面和立体渲染窗口提供了对象的三维可视化、视角调整和动画控制。

3D-Doctor提供3D Basic脚本语言，让用户可以编制类似BASIC的图像分析、渲染脚本程序进行自动处理，以充分而便捷地使用3D-Doctor先进的成像和渲染功能。

生成物体表面或是进行立体渲染之前，要提取出对象的边界，对于3D-Doctor用户而言，实现这个目的只需用鼠标点击几下就可以解决。使用自动或交互式图像分割功能就能处理简单的对象，对于复杂的情况，可以在图像上画出训练区域，进行智能"对象分割"。

3D-Doctor使用基于向量的编辑工具处理图像、边界、标记点和注释，可以完成绘制对象边界、建立图像注释、修改像素值和调整或操作边界的任务，与传统的方式相比，该工具使用方便，系统资源占用低。

3D-Doctor可以将绕着对象以某一角度摄取的X光片，重构为类似于CT影像的、由平行横断面构成的立体图像，使X光机可以发挥CT系统的功效。

3D-Doctor为3D图像恢复和重构提供了两种高效的反卷积方法：快速最近邻算法和迭代最大熵算法。如果知道图像设备的点扩展函数（PSF），利用3D-Doctor的图像恢复功能很容易高质量地恢复出锐利的图像。

3D Doctor不仅提供了先进的可视化功能，还具备对3D图像数据的定量分析和测量功能。用3D-Doctor的测量工具，可以迅速地得到长度、区域面积、三维表面面积、体积、某个区域图像的密度和像素直方图。

利用3D-Doctor中的自动排列命令，依靠最大相似算法实现对断层图像重新排列。如果知道图像中标记的位置，也可以交互式地选择标记点，重新排列断层图像。

在两幅相关的图像中选择4个以上的控制点，很容易地实现图像配准，在此之后，您可以用加（+）、减（-）、AND、OR、透明等方法来融合图像。例如，有同一个病人的CT/MR图像，用图像配准/融合能很方便地得到一幅具有丰富信息的新图像。

依靠现有图像，根据不同的间隔和方位，对3DCT/MRI图像重新断层生成新的图像序列，包括冠状面和矢状面，有助于增强图像的可视性。

3D-Doctor提供了大量的图像处理功能：图像旋转、方位调节、对比度调整、背景去除、图像组合、线性特征提取、模式识别、分割、图像嵌入、彩色分类。

3D-Doctor作为世界级的医学影像三维重建和测量分析软件，其特点如下：

（1）3D-Doctor是一款高级3D建模、影像处理和测量软件，支持MRI、CT、PET、显微镜各种影像数据，可广泛用于科研和工业影像应用。

（2）3D-Doctor支持灰度图像和彩色图像，包括DICOM、TIFF、Interfile、GIF、JPEG、PNG、BMP、PGM、RAW以及其他文件格式。通过这些断层影像，3D-Doctor能够在PC上实时建立表面几何模型和体素渲染模型。

（3）3D-Doctor能够输出网格模型，包括STL、DXF、IGES、3DS、OJB、VRML、XYZ等格式，用于手术规划、仿真、定量分析和快速原型（3D打印）。

（4）3D-Doctor软件界面友好，提供简体中文界面。

（5）3D-Doctor获得美国食品和药品管理局FDA的510K认证，并在国际上多次获评为顶级医学影像处理软件。

（6）3D-Doctor目前在世界被很多组织机构用于医疗、科研、工业和军事各方面的影像处理。

第二节　虚拟现实开发平台

虚拟现实开发平台具有对建模软件制作的模型进行组织显示，并实现交互等功能。目前较为常用的虚拟现实开发平台包括Unity、VRP、Virtools、Vizard等。

虚拟现实开发平台可以实现逼真的三维立体影像，实现虚拟的实时交互、场景漫游和物体碰撞检测等。因此，虚拟现实开发平台一般具有以下基本功能。

第一，实时渲染。实时渲染的本质就是图形数据的实时计算和输出。一般情况下，虚拟场景实现漫游则需要实时渲染。

第二，实时碰撞检测。在虚拟场景漫游时，当人或物在前进方向被阻挡时，人或物应该沿合理的方向滑动，而不是被迫停下，同时还要做到足够精确和稳定，防止人或物穿墙而掉出场景。因此，虚拟现实开发平台必须具备实时碰撞检测功能才能设计出更加真实的虚拟世界。

第三，交互性强。交互性的设计也是虚拟现实开发平台必备的功能。用户可以通过键盘或鼠标完成虚拟场景的控制。例如，可以随时改变在虚拟场景中漫游的方向和速度、抓起和放下对象等。

第四，兼容性强。软件的兼容性是现代软件必备的特性。大多数的多媒体工具、开发工具和Web浏览器等，都需要将其他软件产生的文件导入。例如，将3ds Max设计的模型导入到相关的开发平台，导入后，能够对相应的模型添加交互控制等。

第五，模拟品质佳。虚拟现实开发平台可以提供环境贴图、明暗度微调等特效功能，使得设计的虚拟场景具有逼真的视觉效果，从而达到极佳的模拟品质。

第六，实用性强。实用性强即开发平台功能强大。包括可以对一些文件进行简单的修改。例如，图像和图形修改；能够实现内容网络版的发布，创建立体网页与网站；支持 OpenGL 以及 Direct3D；对文件进行压缩；可调整物体表面的贴图材质或透明度；支持 360。旋转背景；可将模拟资料导出成文档并保存；合成声音、图像等。

第七，支持多种 VR 外部设备。虚拟现实开发平台应支持多种外部硬件设备，包括键盘、鼠标、操纵杆、方向盘、数据手套、六自由度位置跟踪器以及轨迹球等，从而让用户充分体验到虚拟现实技术带来的乐趣。

一、Unity

（一）Unity 简介

Unity 是由 Unity Technologies 开发的一个多平台的综合型游戏开发工具，是一个全面整合的专业游戏引擎。它可以让玩家轻松创建如三维视频游戏、建筑可视化、实时三维动画等类型的互动内容。其编辑器运行在 Windows 和 Mac 下，可发布游戏至 WindowsMaciPhoneWindows phone 8 和 Android 平台，也可以利用 Unity web player 插件发布网页游戏，支持 Mac 和 Windows 的网页浏览。它的网页播放器也被 Mac widgers 所支持。

据不完全统计，目前国内有 80% 的 Android、iPhone 手机游戏使用 Unity 进行开发。例如，著名的手机游戏《神庙逃亡》就是使用 Unity 开发的。也有《纵横时空》《将魂三国》《争锋 Online》《萌战记》《绝代双骄》《蒸汽之城》《星际陆战队》《新仙剑奇侠传 Online》《武士复仇 2》《UDog》等上百款游戏都是使用 Unity 开发的。

当然，Unity 不仅限于游戏行业，在虚拟现实、工程模拟、3D 设计等方面也有着广泛的应用。国内使用 Unity 进行创建虚拟仿真教学平台、房地产三维展示等项目的公司非常多，例如，绿地地产、保利地产、中海地产、招商地产等大型的房地产公司的三维数字楼盘展示系统很多都是使用 Unity 进行开发的，较典型的如《Miya 家装》《飞思翼家装设计》《状元府楼盘展示》等。

Unity 提供强大的关卡编辑器，支持大部分主流 3D 软件格式，使用 C# 或 JavaScript 等高级语言实现脚本功能，使开发者无须了解底层复杂的技术，就能快速地开发出具有高性能、高品质的游戏产品。

随着 IOS，Android 等移动设备的大量普及和虚拟现实在国内的兴起，Unity 因其强大的功能、良好的可移植性，在移动设备和虚拟现实领域一定会得到广泛的应用和传播。

（二）Unity 界面及菜单介绍

下面为 Unity 最为常用的几个面板进行详细说明。

（1）Scene（场景面板）：该面板为 Unity 的编辑面板，可以将所有的模型、灯光以及其他材质对象拖放到该场景中，构建游戏中所能呈现的景象。

（2）Game（游戏面板）：与场景面板不同，该面板是用来渲染场景面板中景象的。该面板不能用作编辑，但却可以呈现完整的动画效果。

（3）Hierarchy（层次面板）：该面板栏主要功能是显示放在场景面板中所有的物体对象。

（4）Project（项目面板）：该面板栏主要功能是显示该项目文件中的所有资源列表，除了模型、材质、字体外，还包括该项目的各个场景文件。

（5）Inspector（监视面板）：该面板栏会呈现出任何对象所固有的属性，包括三维坐标、旋转量、缩放大小、脚本的变量和对象等。

（6）"场景调整工具"：可改变用户在编辑过程中的场景视角、物体世界坐标和本地坐标的更换、物体法线中心的位置，以及物体在场景中的坐标位置、缩放大小等。

（7）"播放、暂停、逐帧"按钮：用于运行游戏、暂停游戏和逐帧调试程序。

（8）"层级显示"按钮：勾选或取消该下拉框中对应层的名字，就能决定该层中所有物体是否在场景面板中被显示。

（9）"版面布局"按钮：调整该下拉框中的选项，即可改变编辑面板的布局。

（10）"菜单栏"和其他软件一样，包含了软件几乎所有要用到的工具下拉菜单。

除了Unity初始化的这些面板以外，还可以通过"Add Tab"按钮和菜单栏中的Window下拉菜单，增添其他面板和删减现有面板。还有用于制作动画文件的Animation（动画面板）、用于观测性能指数的Profiler（分析器面板）、用于购买产品和发布产品的Asset Store（资源商店）、用于控制项目版本的Asset Server（资源服务器）、用于观测和调试错误的Console（控制台面板）。

在"菜单栏"中包含有7个菜单选项，分别是File（文件）、Edit（编辑）、Assets（资源）、Game Object（游戏对象）、Component（组件）、Window（窗口）、Help（帮助）。这些是Unity中标准的菜单选项卡，其各自又有自己的子菜单。

二、VRP

VRP即虚拟现实平台，VRP是一款由中视典数字科技有限公司独立开发的，具有完全自主知识产权的、直接面向三维美工的一款虚拟现实软件。

VRP适用性强、操作简单、功能强大、高度可视化、所见即所得。VRP所有的操作都是以美工可以理解的方式进行，不需要程序员参与。如果操作者有良好的3ds Max建模和渲染基础，那么只要对VR Platform平台稍加学习和研究就可以很快制作出自己的虚拟现实场景。

（一）VRP简介

VRP可广泛地应用于城市规划、室内设计、工业仿真、古迹复原、桥梁道路设计、房地产销售、旅游教学、水利电力、地质灾害等众多领域，为其提供切实可行的解决方案。

VRP 以 VRP-Platform 引擎为核心，衍生出 VRP-Builder（虚拟现实编辑器）、VR-PIE3D（互联网平台，又称 VRPIE）、VRP-Physics（物理模拟系统）、VRP-Digicity（数字城市平台）、VRP-Indusim（工业仿真平台）、VRP-Travel（虚拟旅游平台）、VRP-Museum（网络三维虚拟展馆）、VRP-SDK（三维仿真系统开发包）和 VRP-Mystory（故事编辑器）九个相关三维产品的软件平台。

1. VRP-Builder

VRP-Builder（虚拟现实编辑器）是 VRP 的核心部分，可以实现三维场景的模型导入、后期编辑、交互制作、特效制作、界面设计和打包发布等功能。VRP-Builder 的关键特性包括友好的图形编辑界面；高效快捷的工作流程；强大的 3D 图形处理能力；任意角度、实时的 3D 显示；支持导航图显示功能；高效高精度物理碰撞模拟；支持模型的导入导出；支持动画相机，可方便录制各种动画；强大的界面编辑器，可灵活设计播放界面；支持距离触发动作；支持行走相机、飞行相机、绕物旋转相机等；可直接生成 EXE 独立可执行文件等。

2. VRPIE3D

VRPIE3D（互联网平台）可以将 VRP-Builder 的编辑成果发布到因特网，并且可以实现用户通过因特网进行对三维场景的浏览与互动。其特点是无须编程，快速构筑 3D 互联网世界；支持嵌入 Flash 及音视频；支持 Access、MS SQL 以及 Oracle 等多种数据库；高压缩比；支持物理引擎，动画效果更为逼真；全自动无缝升级以及与 3ds Max 无缝连接；支持 95% 的格式文件导入等。

3. VRP-Physics

VRP-Physics（物理模拟系统），简单地说就是计算 3D 场景中物体与场景之间、物体与角色之间、物体与物体之间的运动交互和动力学特性。在物理引擎的支持下，VR 场景中的模型有了实体，一个物体可以具有质量，可以受到重力落在地面上，可以和别的物体发生碰撞，可以受到用户施加的推力，可以因为压力而变形，可以有液体在表面上流动。

4. VRP-Digicity

VRP-Digicity（数字城市平台）是结合"数字城市"的需求特点，针对城市规划与城市管理工作而研发的一款三维数字城市仿真平台软件。其特点是建立在高精度的三维场景上；承载海量数据；运行效率高；网络发布功能强大；让城市规划摆脱生硬复杂的二维图纸，使设计和决策更加准确；辅助于城市规划领域的全生命周期，从概念设计、方案征集，到详细设计、审批，直至公示、监督、社会服务等。

5. VRP-Indusim

VRP-Indusim（工业仿真平台）是集工业逻辑仿真、三维可视化虚拟表现、虚拟外设交互等功能于一体的应用于工业仿真领域的虚拟现实软件，其包括虚拟装配、虚拟设计、虚拟仿真、员工培训 4 个子系统。

6.VRP-Travel

VRP-Travel（虚拟旅游平台）可以解决旅游和导游专业教学过程中实习资源匮乏，而实地参观成本又高的问题。同时，其可专为导游、旅游规划等专业量身订制，开发出适用于导游实训、旅游模拟、旅游规划的功能和模块，从而方便师生进行交互式的导游模拟体验，大幅度提高旅游教学质量和效果，克服传统教学模式中的弊端，吸引学生学习兴趣，增加学生实践操作机会。

7.VRP-Museum

VRP-Museum（网络三维虚拟展馆）是一款针对各类科博馆、体验中心、大型展会等行业，将其展馆、陈列品以及临时展品移植到互联网上进行展示、宣传与教育的三维互动体验解决方案。网络三维虚拟展馆将成为未来最具有价值的展示手段。

8.VRP-SDK

VRP-SDK（三维仿真系统开发包），简单地说，有了VRP-SDK，用户可以根据自己的需要来设置软件界面，设置软件的运行逻辑，设置外部控件对VRP窗口的响应等，从而将VRP的功能提高到一个更高的程度，满足用户对三维仿真各方面的专业需求。

9.VRP-Mystory

VRP-Mystory（故事编辑器）是一款全中文的3D应用制作虚拟现实软件。其特点是操作灵活、界面友好、使用方便，就像在玩电脑游戏一样简单；易学易会、无须编程，也无需美术设计能力，就可以进行3D制作。VRP-Mystory支持用户保存预先制作的场景和人物、道具等素材，以便需要时立即调用；支持导入用户自己制作的素材等；用户直接调用各种素材，就可以快速构建出一个动态的事件并发布成视频。

（二）VRP高级模块

VRP高级模块主要包括VRP-多通道环幕模块、VRP-立体投影模块、VRP-多PC级联网络计算模块、VRP-游戏外设模块、VRP-多媒体插件模块等五个模块。

1.VRP-多通道环幕模块

多通道环幕模块由三部分组成：边缘融合模块、几何矫正模块、帧同步模块。它是基于软件实现对图像的分屏、融合与矫正，使得一般用融合机来实现多通道环幕投影的过程基于一台PC机器即可全部实现。

2.VRP-立体投影模块

立体投影模块是采用被动式立体原理，通过软件技术分离出图像的左、右眼信息。相比于主动式立体投影方式的显示刷新提高一倍以上，且运算能力比主动式立体投影方式更高。

3.VRP-多PC级联网络计算模块

采用多主机联网方式，避免了多头显卡进行多通道计算的弊端，而且三维运算能力相比多头显卡方式提高了5倍以上，而PC机事件的延迟不超过0.1毫秒。

4.VRP-游戏外设模块

Logitech方向盘、Xbox手柄，甚至数据头盔数据手套等都是虚拟现实的外围设备，通过VRP-游戏外设板块就可以轻松实现通过这些设备对场景进行浏览操作，并且该模块还能自定义扩展，可自由映射。

5.VRP-多媒体插件模块

VRP-多媒体插件模块可将制作好的VRP文件嵌入到Neobook、Director等多媒体软件中，能够极大地扩展虚拟现实的表现途径和传播方式。

三、Virtools

Virtools是一套整合软件，可以将现有常用的档案格式整合在一起，如3D的模型、2D图形或是音效等。Virtools是一套具备丰富的互动行为模块的实时3D环境虚拟实境编辑软件，可以让没有程序基础的美术人员利用内置的行为模块快速制作出许多不同用途的3D产品，如因特网、计算机游戏、多媒体、建筑设计、交互式电视、教育训练、仿真与产品展示等。

（一）Virtools 构成

Virtools是3D虚拟和互动技术的集成。Virtools由5个部分构成，分别是：创作应用程序、交互引擎、渲染引擎、Web播放器、SDK。

1.创作应用程序

Virtools Dev是一个创作应用程序，允许你快速、容易地生成丰富的、对话式的3D作品。通过Virtools的行为技术，给符合工业标准的模型、动画、图像和声音等媒体带来活力。

Virtools Dev不能产生模型。Virtools Dev不是一个建模工具，然而，简单媒体如摄像机、灯光、曲线、接口元件和3D帧（在大多数3D应用中被叫作哑元和补间）能简单地通过点击图标创建。

2.交互引擎

Virtools是一个交互引擎，即Virtools对行为进行处理。行为是对某个元件如何在环境中行动的描述。Virtools提供了许多可再用的行为模块，图解式的界面几乎可以产生任何类型的交互内容，而不用写一行程序代码。对于习惯编程者而言，Virtools提供了VSL语言，通过存取SDK，作为对图形编辑器的补充。

Virtools也有许多管理器，它可以帮助交互引擎完成任务。某些管理器（例如SoundManager）对于动作引擎是外部的，一些管理器（例如TimeManager）对于动作引擎是内部的。

3.渲染引擎

Virtools的渲染引擎在Virtools Dev的三维观察窗口中可以使用户实现所见即所得的查看图像。Virtools的渲染引擎通过SDK可以由自己或者订制的渲染引擎来取代。注意，存取Virtools渲染引擎的源码受制于一个附加的授权协议书。

4. Web 播放器

在成为一种伟大的技术之前，好的技术一定要能被容易理解和接近。Virtools 提供一个能自由下载的 Web 播放器，而且其下载量少于 1MB。Web 播放器包含回放交互引擎和完全渲染引擎。

5. SDK

Virtools Dev 包括一个 SDK，提供对行为和渲染的处理。借助于 SDK 可以产生新的交互行为（动态链接库——DLL 方式），可以修改已存在交互行为的操作，可以写新的文件导入或导出插件来支持选择的建模文件格式，还可以替换、修改或扩充 Virtools Dev 渲染引擎（需要服从授权协议）。

VSL 在 Dev 内具有和 SDK 的接口，因此可以在不用运行自定义动态链接库（DLLs）的情况下，能容易快速地测试新的概念，执行自定义编码。

（二）Virtools 的执行流程

Virtools 的执行流程包含以下步骤：

1. 动态计算

key、morph animation 在一开始执行时会先行计算，也就是当使用 "Character Controller" 时，其他所有的 behaviors 将在它之后才会开始处理。例如，一个有走路动态数据的主角，将会先计算此主角在该 Frame 中所应该移动的动作后，才会开始处理此主角的移动位置。

2. 处理行为模块

所有可执行的 behaviors 会在这阶段处理，但是无法得知哪一个 behavior 将会优先执行。如果必须强迫某一个 script 较其他 script 先行执行，可以在 Level View 中设定 Priority。

3. 信息传递处理

所有的信息在这个阶段才可以做传送与接收的动作，所以在上一阶段，也就是 "处理行为模块" 阶段并不会处理信息数据。例如，当在第 N 个 Frame 使用行为模块 "Send Message" 时，"Wait Message" 将在第 N+1 个 Frame 接收到此信息，所以信息的传送不可能在同一 Frame 中完成。

4. 声音

所有的声音将在此阶段处理。

5. 场景着色

此阶段最为耗费 CPU 的资源。

四、Vizard

Vizard 软件是一款由美国 WorldViz 公司推出的虚拟现实开发平台。该平台提供了丰富的功能模块，用户能够快速开发出应用于各种场合的原型系统。相对于其他虚拟现实开发平台，Vizard软件更容易上手，不需要丰富的编程经验，即使没有受过专业编程训练的人员也能够快速实现各种简单的三维交互场景。

在核心技术上，Vizard软件的图形渲染引擎是基于C/C++实现的，并且运用了最新的。penGL扩展模块。它将复杂的三维图形功能进行了抽象化的封装，并通过Python脚本语言提供给用户一定的编程接口。因此，对于熟悉OpenGL的程序员来说，能够惊喜地发现该平台对底层功能封装的完整性以及接口设计的简洁性；对于不熟悉OpenGL的人员来说，也能够体验到Vizard软件高效的绘制引擎为程序带来的运行效率的提升。

当用户运用Python语言开发并执行程序时-Vizard软件自动将程序转换为字节码抽象层，进而调用硬件渲染器。因此，Vizard软件能够在运行过程中充分利用现有图形处理器（GPU）的硬件优势。

（一）Vizard软件的开发特点

用户既可以将Vizard看作一个集成开发环境（IDE），也可以将其看作基于Python语言的高级图形开发包。作为集成开发环境，它极大地简化了维护多媒体素材的工作量，提供了实时的场景预览和场景调节功能，而且还提供了一系列代码调试工具。作为高级图形开发包，它将复杂的图形处理功能封装为一系列Python脚本函数，极大地简化了项目开发的工作量。Vizard软件的主要开发特点包括以下几个方面。

1. 用户能够快速创建三维虚拟场景

这是因为Vizard软件能够支持各种三维模型的文件格式，包括：.wrl（VRML2/97文件格式），.fit（Open Flight文件格式）、.3ds（3ds Max文件格式）、.txp（支持多线程页面调度的TerraPage文件格式）、.geo（Carbon Graphics文件格式）、.bsp（Quake3 world layers文件格式）、.md2（Quaker动作模型文件格式）、.ac（AC3D文件格式）、.obj（AIias Wavefront文件格式）、.low/lw（Light Wave文件格式）、.pfb（Performer文件格式）、.osg（OSG模型文件格式）、.x（Direct3D文件格式）以及.3dc（点云文件格式）等。

2. 用户能够实现具有沉浸感的虚拟现实项目

这是因为Vizard软件能够与众多交互硬件兼容。它能够支持各种头盔显示器、3D液晶眼镜、自由立体显示器等显示设备，它能够支持市场上绝大多数的跟踪定位设备，它还能够支持各种数据手套、触觉设备、力反馈设备以及其他与Microsoft DirectlnputTM相兼容的游戏键盘和操纵杆等。Vizard软件还能够支持高质量的立体声输出，以及实现多用户的分布式网络交互。

3. 用户能够在虚拟场景中应用各种多媒体资源

这是因为Vizard软件能够支持各种多媒体文件格式。Vizard软件能够支持的声音模式包括：单声道、双声道、立体声。Vizard软件能够支持的声音文件格式包括：.wav、.mp3、.au、.wma、.mid，以及其他所有与DirectShow兼容的文件格式。

Vizard软件能够支持的图像文件格式包括：rgb/rgba、dds、tga、gif、bmp、tif、jpg、pic、pnm/.pgm/.pbm.png以及jp2（jpeg2000）等。

4.用户能够在虚拟场景中添加各种任务角色，并控制其动作行为

Vizard软件的动作引擎能够在一个项目中支持上百个人物角色，它采用.cfg（Cal3D文件格式）的角色模型存储格式。用户可以采用3ds Max Character Studio中的两足动物骨骼模型设计人物角色，然后将其导出为.cfg文件格式，这样就可以直接用于Vizard开发。Vizard软件还提供了特有的人物面部和身体动作编辑器，能够设计人物的各种表情和动作特征。在程序运行时，Vizard软件中的动作变形控制模块能够对各种面部表情和人物动作进行平滑过渡，使其动作具有真实感。除了自己设计人物角色外，WorldViz公司也出售各种人物角色库。

5.用户在Vizard平台中采用Python语言进行程序开发

Vizard软件采用Python2.4版作为其核心编程模块，这是一种面向对象的解释型编程语言，因此当用户对程序进行修改后，可以立即运行并观察效果，而无需重新编译。一个完整的基于Vizard软件的工程项目只包含Python脚本文件和相关的媒体资源，这种组织形式能够较好地实现协同工作和数据共享。

（二）Vizard软件的开发环境

使用Vizard软件的集成开发环境，用户可以完成的操作包括：为项目编写并执行脚本代码，检查和浏览项目中的多媒体素材，通过拖放的方式为项目快速添加多媒体素材，在程序调试过程中发送指令等。

Vizard开发环境的界面包括5个主要的窗口：右上方的窗口是脚本编辑窗口，用于程序员编辑程序代码；左上方的窗口是资源列表窗口，它以列表的形式显示当前项目中的所有资源；左侧中间的窗口为属性窗口，当用户在资源列表窗口中单击某一项资源后，属性窗口中会显示出它的具体属性；左下方窗口为资源浏览窗口，当用户在资源列表中双击某一项资源后，用户可以在资源浏览窗口中进行详细浏览，可以浏览的内容包括三维模型、图形图像、视频音频等，该窗口还能够对整个项目的"舞台（stage）"进行浏览；右下方窗口为交互窗口，用户可以利用此窗口在程序运行过程中实时发送指令。

利用Vizard集成开发环境可以完成的主要功能包括：

1.Python脚本文件的打开

用户可以选择下面三种方法：①在Vizard软件中选择菜单FILE|OPEN查找需要打开的文件；②在系统资源管理器中右键单击需要打开的文件，并选择"EDIT"；③将需要打开的文件拖拽到Vizard界面的脚本编辑窗口。

2.Python脚本程序的执行

用户可以选择下面三种方法：①单击Vizard 工具栏中的运行按钮，这种方式能够运行脚本编辑窗口中当前编辑的文件；②在Vizard软件中单击F5键；③在资源管

理器中双击某个脚本文件。

3.Python脚本程序运行时的刷新

当用户在某个Vizard脚本程序正在运行时修改了它的脚本文件，用户可以直接单击运行按钮对运行程序进行刷新，而无须提前将其关闭，这一点是Vizard开发环境与Windows Visual Studio开发环境的区别。这种运行方式的特点在于：Vizard开发环境只更新运行程序的脚本代码，而不用重新载入相关的多媒体资源（三维模型、图像等）。这样，用户就能够快速观察程序的运行效果，无需等待多媒体文件的载入，从而提高工作效率。需要注意的是，这种程序刷新方式要求用户不能修改场景中媒体资源的结构，只能修改代码的执行逻辑，否则程序可能出现异常。遇到这种情况，用户可以先关闭脚本程序，然后重新运行。

4.Python脚本程序工作目录的设定

每个脚本程序所在的目录为其工作目录，Vizard软件会自动跟踪每个脚本程序的工作目录。在默认情况下，Vizard软件会在脚本程序的工作目录中查找到所需的多媒体素材。所以，只要用户将多媒体素材放在程序的工作目录中，在编写程序时就无需提供素材的绝对路径。

上述只是列出了一部分的虚拟现实开发平台，随着虚拟现实技术的日益成熟，人们对虚拟现实体验感的追求会越来越高，而各种虚拟现实开发平台也会不断提升各种功能以满足人们的需求。

第三节　虚拟现实开发常用脚本编程语言介绍

脚本语言是为了缩短传统的编写——编译——链接——运行过程而创建的计算机编程语言，一个脚本通常是解释运行而非编译运行。目前的许多脚本语言都超越了计算机简单任务自动化的领域，已经成熟到可以编写复杂而精巧的程序。在许多方面，高级编程语言和脚本语言之间互相交叉，二者之间没有明确的界限。脚本文件在Internet网页开发中十分流行，它虽然没有程序开发语言那样复杂的结构，掌握起来也比较容易，但它本身的功能却相当强大。本节将对虚拟现实开发中几种常用的脚本编程语言进行介绍。

一、C#

虚拟现实开发平台Unity提供了三种可供选择的脚本编程语言：JavaScript、C#以及Boo。尽管它们各有各的优势与不足，但通常C#为多数开发者的首选。

C#是一种面向对象的编程语言，主要用于开发可以运行在.NET平台上的应用程序。C甘的语言体系都构建在.NET框架上，近几年C#呈现上升趋势，这也正说明了C#语言的简单、现代、面向对象和类型安全等特点正在被更多的人所认同。

　　C#是微软公司设计的一种编程语言，是从C和C++派生而来的一种简单、现代、面向对象和类型安全的编程语言。重要的是，C#作为一种现代编程语言，在类、名字空间、方法重载和异常处理等方面，C#去掉了C++中的许多复杂性，借鉴和修改了Java的许多特性，使其更加易于使用，不易出错，并且能够与.NET框架完美结合。

　　C#具有以下突出的特点：

（一）简单性

　　语法简洁，不允许直接操作内存，去掉了指针操作。

　　没有指针是C#的一个显著特性。在默认情况下，用户使用一种可操控的代码进行工作时，一些不安全的操作，如直接的内存存取，将是不允许的。

　　在C#中不再需要记住那些源于不同处理器结构的数据类型，如可变长的整数类型，C#在CLR层面统一了数据类型，使得.NET上的不同语言具有相同的类型系统。可以将每种类型看作一个对象，不管它是初始数据类型还是完全的类。

　　整型和布尔型数据类型是完全不同的类型。这意味着if判别式的结果只能是布尔数据类型，如果是别的类型则编译器会报错。那种搞混了比较和赋值运算的错误不会再发生。

（二）现代性

　　许多在传统语言中必须由用户自己来实现的或者干脆没有的特征，都成为基础C#实现的一个部分。金融类型对于企业级编程语言来说是很受欢迎的一个附加类型。用户可以使用一个新的decimal数据类型进行货币计算。

　　安全性是现代应用的头等要求，C#通过代码访问安全机制来保证安全性，根据代码的身份来源，可以分为不同的安全级别，不同级别的代码在被调用时会受到不同的限制。

（三）面向对象

　　彻底的面向对象设计。C#具有面向对象语言所应有的一切关键特性：封装、继承和多态性。整个C#的类模型是建立在.NET虚拟对象系统（VOS，Vitual Object System）之上的，这个对象模型是基础架构的一部分，而不再是编程语言的一部分——它们是跨语言的。

　　C#中没有全局函数、变量或常数。每样东西必须封装在一个类中，或者作为一个实例成员（通过类的一个实例对象来访问），或者作为一个静态成员（通过类型来访问），这会使用户的C#代码具有更好的可读性，并且减少了发生命名冲突的可能性。

　　多重继承的优劣一直是面向对象领域争论的话题之一，然而在实际的开发中很少用到，在多数情况下，因多个基类派生带来的问题比这种做法所能解决的问题要更多，因此C#的继承机制只允许一个基类。如果需要多重继承，用户可以使用接口。

（四）类型安全性

当用户在 C/C++ 中定义了一个指针后，就可以自由地把它指向任意一个类型，包括做一些相当危险的事，如将一个整型指针指向双精度型数据。只要内存支持这一操作，它就会凑合着工作，这当然不是用户所设想的企业级编程语言类型的安全性。与此相反，C# 实施了最严格的类型安全机制来保护它自身及其垃圾收集器。因此，程序员必须遵守关于变量的一些规定，如不能使用未初始化的变量。对于对象的成员变量，编译器负责将它们置零。局部变量用户应自己负责。如果使用了未经初始化的变量，编译器会提醒用户。这样做的好处是用户可以摆脱因使用未初始化变量得到一个可笑结果的错误。

边界检查。当数组实际上只有 n-1 个元素时，不可能访问到它的"额外"的数据元素 n，这使重写未经分配的内存成为不可能。

算术运算溢出检查。C# 允许在应用级或语句级检查这类操作中的溢出，当溢出发生时会出现一个异常。

C# 中传递的引用参数是类型安全的。

（五）版本处理技术

因为 C# 语言本身内置了版本控制功能，使开发人员更加容易开发和维护。

在过去的几年中，几乎所有的程序员都和所谓的"DLL 地狱"打过交道，产生这个问题是因为许多计算机上安装了同一 DLL 的不同版本。DLL 是 Dynamic Link Library 的缩写，是一种编译为二进制机器代码的函数库。DLL 在调用程序运行时才被调入内存执行，而不是在编译时链接到可执行程序内部，这样可以使程序代码在二进制级别实现共享，而不必在每个应用程序中编译一个副本，如果 DLL 中的代码更新了，只需要替换 DLL 文件即可更新所有使用该 DLL 的程序。然而这同时带来了 DLL 文件版本的问题，不同版本的 DLL 可能与不同调用程序不兼容，同一版本 DLL 也不能同时为不同的调用程序服务，结果造成应用程序出现无法预料的错误，或者在用户计算机中不得不更换文件名来保存同一 DLL 的多个版本，这种混乱的状态被称为"DLL 地狱"。C# 则尽其所能支持这种版本处理功能，虽然 C# 自己并不能保证提供正确的版本处理结果，但它为程序员提供了这种版本处理的可能性。有了这个适当的支持，开发者可以确保当他开发的类库升级时，会与已有的客户应用保持二进制级别上的兼容性。

二、JavaScript

JavaScript 是一种动态、弱类型、基于原型的语言。JavaScript 在设计之初受到 Java 启发的影响，语法上与 Java 有很多类似之处，并借用了许多 Java 的名称和命名规范。

（一）JavaScript 简介

JavaScript 主要运行在客户端，用户访问带有 JavaScript 的网页，网页里的

JavaScript程序就传给浏览器，由浏览器解释和处理。表单数据有效性验证等互动性功能，都是在客户端完成的，不需要和Web服务器发生任何数据交换，因此，不会增加Web服务器的负担。

JavaScript具有如下特点。

1. 简单性

JavaScript是一种脚本编程语言，采用小程序段的方式实现编程，像其他脚本语言一样JavaScript是一种解释型语言，因此JavaScript编写的程序无须进行编译，而是在程序运行过程中被逐行地解释。JavaScript基于Java基本语句和控制流，学习过Java的编程人员非常容易上手。此外它的变量类型采用弱类型，未使用严格的数据类型安全检查。

2. 安全性

JavaScript是一种安全性高的语言，它不允许程序访问本地的硬盘资源，不能将数据存入到服务器上，不允许对网络文档进行修改和删除，只能通过浏览器实现网络的访问和动态交互，从而有效保障数据的安全性。

3. 动态交互性

JavaScript可以直接对用户提交的信息在客户端做出回应，而无须向Web服务程序发送请求再等待响应。JavaScript的响应采用事件驱动的方式进行，当页面中执行了某种操作会产生特定事件（Event），比如移动鼠标、调整窗口大小等，会触发相应的事件响应处理程序。JavaScript的出现使用户与信息之间不再是一种浏览与显示的关系，而是一种实时、动态、可交互式的关系。

4. 跨平台性

JavaScript是一种依赖浏览器本身运行的编程语言，它的运行环境与操作系统和机器硬件无关，只要机器上安装了支持JavaScript的浏览器（例如Internet Explorer、Firefox、Chrome等），并且能正常运行浏览器，就可以正确地执行JavaScript程序。

（二）JavaScript常用元素

JavaScript作为一种脚本语言，它有自己的常用元素，如常量、变量、运算符、函数、对象、事件等。具体定义如表3-1所示。

表3-1　JavaScript常用元素及定义

常用元素	定义
常量	在程序中的数值保持不变的量
变量	在程序中，值是变化的量，它可以用于存取数据、存放信息。对于定义一个变量，变量的命名必须符合命名规则，同时还必须明确该变量的类型、声明以及作用域等。变量有4种简单的基本类型：整型、字符、布尔以及实型

常用元素	定义
运算符	在定义完变量和常量后，需要利用运算符对这些定义的变量和常量进行计算或者其他操作
函数	在程序开发中，程序员开发一个大的程序时，需要将一个大的程序根据所要完成的功能块，划分为一个个相对独立的模块，像这样的模块在程序中被称为函数。在JavaScript中，一个函数包含了一组JavaScript语句。一个JavaScript函数被调用时，表示这一部分的JavaScript语句将执行
对象	JavaScript是一种基于对象，但不完全是面向对象的脚本语言。因为它不支持分类、类的继承和封装等基本属性
事件	JavaScript是一种基于对象的编程语言，所以JavaScript的执行往往需要事件的驱动，例如：鼠标事件引发的一连串动作等

（三）JavaScript 代码放置的位置

JavaScript代码一般放置在页面的head或body部分。当页面载入时，会自动执行位于body部分的JavaScript，而位于head部分的JavaScript只有被显示调用时才会被执行。

1.head标记中的脚本

script标记放在头部head标记中JavaScript代码必须定义成函数形式，并在主体body标记内调用或通过事件触发。放在head标记内的脚本在页面装载时同时载入，这样在主体body标记内调用时可以直接执行，提高了脚本执行速度。

（1）基本语法

function functionname（参数1，参数2，参数n）{

函数体语句；

}

（2）语法说明

JavaScript自定义函数必须以function关键字开始，然后给自定义函数命名，函数命名时一定遵守标识符命名规范。函数名称后面一定要有一对括号"（）"，括号内可以有参数，也可以无参数，多个参数之间用逗号","分隔。函数体语句必须放在大括号"{}"内。

2.body标记中的脚本

script标记放在主体body标记中JavaScript代码可以定义成函数形式，在主体body标记内调用或通过事件触发。也可以在script标记内直接编写脚本语句，在页面装载时同时执行相关代码，这些代码执行的结果直接构成网页的内容，在浏览器中可以查看。

3.外部js文件中的脚本

除了将 JavaScript 代码写在 head 和 body 部分以外，也可以将 JavaScript 函数单独写成一个 js 文件，在 HTML 文档中引用该 js 文件。

三、OpenGL

OpenGL 的英文全称为 Open Graphics Library，即开放式图形库。它为程序开发人员提供了一个图形硬件接口，是一个功能强大、调用方便的底层 3D 图形函数库。OpenGL 适用于从普通 PC 到大型图形工作站等各种计算机，并可以与各种主流操作系统兼容，从而成为占据主导地位的跨平台专业 3D 图形应用开发包，进而也成为该领域的行业标准。

（一）OpenGL 简介

OpenGL 本身不是一种编程语言，它是计算机图形与硬件之间的一种软件接口。它包含了 700 多个函数，是一个三维空间的计算机图形和模型库，程序员可以利用这些函数来方便地构建三维物体模型，并实现相应的交互操作。后成为工业标准。虽然 OpenGL 由 SGI 公司创立，但目前 OpenGL 标准由 OpenGL 系统结构审核委员会（ARB）以投票方式产生，并制成规范文档公布，各软硬件厂商据此开发自己系统上的实现。ARB 每隔四年举行一次会议，对 OpenGL 的规范进行改善和维护。

（二）OpenGL 的主要功能

OpenGL 作为一个性能优越的图形应用程序设计接口（API），它独立于硬件和窗口系统，在使用各种操作系统的计算机上都可用，并能在网络环境下以客户/服务器模式工作，是专业图形处理、科学计算等高端应用领域的标准图形库。在开发三维图形应用程序过程中 OpenGL 具有以下功能：

1. 模型构建

OpenGL 通过点、线和多边形等基本图元来绘制复杂的物体。为此，OpenGL 中提供了丰富的基本图元绘制函数，从而可以方便地绘制三维物体。

2. 基本变换

OpenGL 提供了一系列的基本坐标变换：模型变换、取景变换、投影变换以及视口变换等。在构建好三维物体模型后，模型变换能够使观察者在视点位置观察与视点相适应的三维物体模型；投影变换的类型决定了三维物体模型的观察方式，不同的投影变换得到的物体景象是不同的；视口变换则对模型的景象进行裁剪缩放，即决定整个三维模型在屏幕上的图像。

3. 光照处理

正如自然界中不可缺少光一样，要绘制具有真实感的三维物体就必须做相应的光照处理。OpenGL 里提供了管理 4 种光（辐射光、环境光、镜面光和漫射光）的方法，此外还可以指定物体模型表面的反射特性。

4. 物体着色

OpenGL 提供了两种模型着色模式，即 RGB 模式和颜色索引模式。在 RGB 模式中，颜色直接由 RGB 值来指定，而在索引模式中颜色值则由颜色表中的一个颜色索引值来指定。

5. 纹理映射

在计算机图形学中，把包含颜色、透明度值、亮度等数据的矩形数组称为纹理。纹理映射也可理解为将纹理粘贴在三维物体模型的表面上，以使三维物体模型看上去更加逼真。OpenGL 提供的一系列纹理映射函数，可使开发者十分方便地把真实图像贴到物体模型的表面上，从而可以在视口内绘制逼真的三维物体模型。

6. 动画效果

OpenGL 能够实现出色的动画效果，它通过双缓存技术来实现，即在前台缓存中显示图像的同时，在后台缓存中绘制下一幅图像；当后台缓存绘制完成后，就显示出该图像，与此同时前台缓存开始绘制第三幅图像，如此循环往复，便可提高图像的输出速率。OpenGL 提供了一些实现双缓存技术的函数。

7. 位图和图像处理

OpenGL 提供了专门函数来实现对位图和图像的操作。

8. 反走样

在 OpenGL 图形绘制过程中，由于使用的是位图，因此绘制出的图像的边缘会出现锯齿形状，这样为走样。为此，OpenGL 中还提供了点、线、多边形的反走样技术。

（三）OpenGL 的函数库

OpenGL 的库函数由核心库、实用库、辅助库以及专用库四类组成。

1. 核心库

核心库提供了 OpenGL 最基本的一些功能，由 115 个库函数构成。每个函数都以 gl 开头，可以用这些函数来构建各种各样的形体，产生光照效果，进行反走样纹理映射以及投影变换等。由于这些核心函数有许多种形式并能够接收不同类型的参数，实际上这些函数可以派生出三百多个函数。

2. 实用库

实用库是对核心库函数的进一步封装和组织，为开发者提供比较简单的函数接口和用法，以此来减轻编程负担。该库中包含 43 个函数，每个函数以 glu 开头，它们可以在任何 OpenGL 的工作平台上应用。可以用这些函数来实现纹理映射、坐标变换、多边形分化，也包含绘制一些如椭球、圆柱、茶壶等简单多边形实体的函数。

3. 辅助库

这些函数主要是为初学者进行简单练习而设置的，这些函数使用简单，它们可以用于窗口管理、输入输出处理以及一些简单的三维形体，但它们不能在所有的 OpenGL 平台上使用。在 Windows NT 环境下可以使用这些函数，它们均以 aux 开头，该库中包含了 31 个函数。

4．专用库

专用库中包含6个以wgl开头的函数和5个Win32 API函数。wgl函数用于在Windows NT环境下的渲染着色，在窗口内绘制位图字体以及把文本放在窗口的某一位置等，这些函数把Windows和OpenGL连接在一起；5个API函数没有专用的前缀，它们主要用于处理像素存储格式、双缓存等函数的调用，这些函数仅仅能够用于Win32系统而不能用于其他OpenGL平台。

（四）OpenGL函数命名规则

OpenGL中的所有函数都采用以下格式的命名规则：

库前缀+根命令+形参个数+后缀字母

库前缀表明该函数来源于哪个库；根命令代表该函数相应的功能；形参个数可以是2，3，4，表明函数可接收的参数个数；后缀字母用来指定函数参数的数据类型。例如，函数glColor3f中，gl表示这个函数来自库gl.h，Color是该函数的根命令，表示该函数用于设置当前颜色，3f表示这个函数接收三个浮点类型的参数。

（五）OpenGL的工作方式

OpenGL是一种API图形库，但并不包含任何窗口管理、用户交互或文件I/O等函数，因此，一个应用程序的OpenGL图形处理系统的结构形式中，最底层为图形硬件，第二层为操作系统，第三层为窗口系统，第四层为OpenGL，最上面一层为应用软件。

OpenGL的基本工作流程依数据处理源的不同分为两条线，而数据处理源主要有几何顶点数据和图像像素数据。几何顶点数据包括模型的顶点集、线集和多边形集，这些数据经过运算器和逐个顶点操作及图元组装处理后，再经过光栅化、逐个片元处理直至把最后的光栅数据写入帧缓冲器；而图像数据包括像素集、影像集和位图集等，图像像素数据的处理方式与几何顶点数据的处理方式是不同的，像素操作结果被存储在纹理组装用的内存中，再像几何顶点操作一样光栅化形成图形片元。整个流程操作的最后，图形片元都要进行一系列的逐个片元操作，这样将最后的像素值送入帧缓冲器实现图形的显示。在OpenGL中，显示列表技术是一项重要的技术，在OpenGL中的所有数据，包括几何顶点数据和像素数据，都可以被存储在显示列表中，或者立即得到处理。

在OpenGL中进行的图形操作的基本步骤。

①根据基本图形单元建立景物模型，并且对所建立的模型进行数学描述（OpenGL中把点、线、多边形、图像和位图都作为基本图形单元）。

②把景物模型放在三维空间中的合适位置，并且设置视点以观察所感兴趣的景观。

③计算模型中所有物体的色彩，其中的色彩根据应用要求来确定，同时确定光照条件、纹理粘贴方式等。

④把景物模型的数学描述及其色彩信息转换至计算机屏幕上，这个过程也就是光

栅化。

在这些步骤的执行过程中，OpenGL可能执行其他的一些操作，例如自动消隐处理等。另外，景物光栅化之后被送入帧缓冲器之前，还可以根据需要对像素数据进行操作。

（六）OpenGL是状态机

OpenGL是一个状态机。也就是说，如果在OpenGL中设置了某一状态，这种状态可以一直保持，直到关闭这个状态为止。一般某种状态需要利用函数glEnable（）来开启，而用glDisable（）来关闭。例如，开启深度探测功能可用

glEnable（GL_DEPTH_TEST）；//开启深度测试

关闭此功能，而用

glDisable（GL_DEPTH_TEST）；//关闭深度测试

当然在其他情况下，执行某一命令，OpenGL也会改变相应的状态。例如，设定当前颜色为红色，则在此之后绘制的所有物体都将试用红色，直到把当前颜色设置为其他颜色。而OpenGL中每个状态变量或模式都有相应的默认值，用户可以在任意位置分别用函数glGetBooleanv（）、glGetDoublev（）、glGetFloatv（）和glGetIntegerv（）来获取不同数据类型的状态。

如果想存储当前的状态变量，而在之后某处又想恢复过来，可以通过函数glPushAttrib（）和glPopAttrib（）来实现，前者是用来存储当前状态的，后者是用来恢复保存的状态。

四、Python

Python是一门优雅而健壮的编程语言，它继承了传统编译语言的强大性和通用性，同时也借鉴了简单脚本和解释语言的易用性。

（一）Python特点

尽管Python已经流行超过了15年，但是一些人仍旧认为相对于通用软件开发产业而言，它还是个新丁。我们应当谨慎地使用"相对"这个词，因为"网络时代"的程序开发，几年看上去就像十几年。

1.高级

伴随着每一代编程语言的产生，我们会达到一个新的高度。汇编语言是献给那些挣扎在机器代码中的人的礼物，后来出现的FORTRAN、C和Pascal语言，它们将计算提升到了崭新的高度，并且开创了软件开发行业。伴随着C语言，诞生了更多的像C++、Java这样的现代编译语言。我们没有止步于此，于是有了强大的、可以进行系统调用的解释型脚本语言，例如Tcl、Perl和Python。

这些语言都有高级的数据结构，这样就减少了以前"框架"开发需要的时间。像Python中的列表（大小可变的数组）和字典（哈希表）就是内建于语言本身的。在核

心语言中提供这些重要的构建单元，可以缩短开发时间与代码量，产生出可读性更好的代码。

2. 面向对象

面向对象编程为数据和逻辑相分离的结构化和过程化编程添加了新的活力。面向对象编程支持将特定的行为、特性以及和/或功能与它们要处理或所代表的数据结合在一起。Python的面向对象的特性是与生俱来的。然而，Python绝不像Java或Ruby那样仅仅是　门面向对象语言，事实上它融汇了多种编程风格。例如，它甚至借鉴了一些像Lisp和Haskell这样的函数语言的特性。

3. 可升级

大家常常将Python与批处理或Unix系统下的shell相提并论。简单的shell脚本可以用来处理简单的任务，就算它们可以在长度上（无限度的）增长，但是功能总会有所穷尽。shell脚本的代码重用度很低，只适合做一些小项目。实际上，即使一些小项目也可能导致脚本又臭又长。而Python却可以不断地在各个项目中完善代码，添加额外的新的或者现存的Python元素，也可以随时重用代码。Python提倡简洁的代码设计、高级的数据结构和模块化的组件，这些特点可以在提升项目的范围和规模的同时，确保灵活性、一致性并缩短必要的调试时间。

4. 可扩展

如果需要一段关键代码运行得更快或者希望某些算法不公开，可以部分程序用C或C++编写，然后在Python程序中使用它们。

因为Python的标准实现是使用C语言完成的（也就是CPython），所以要使用C和C++编写Python扩展。Python的Java实现被称作Jython，要使用Java编写其扩展。最后，还有IronPython，这是针对.NET或Mon。平台的C#实现。你可以使用C#或者VB.Net扩展IronPython。

5. 可移植性

在各种不同的系统上可以看到Python的身影，这是由于在今天的计算机领域，Python取得了持续快速的成长。因为Python是用C写的，又由于C的可移植性，使得Python可以运行在任何带有ANSIC编译器的平台上。尽管有一些针对不同平台开发的特有模块，但是在任何一个平台上用Python开发的通用软件都可以稍事修改或者原封不动地在其他平台上运行。这种可移植性既适用于不同的架构，也适用于不同的操作系统。

6. 易学

Python关键字少、结构简单、语法清晰，这样就使得学习者可以在更短的时间内轻松上手。对初学者而言，可能感觉比较新鲜的东西就是Python的面向对象特点了。那些还未能全部精通OOP（Object Oriented Programming，面向对象的程序设计）的人对径直使用Python还是有所顾忌的，但是OOP并非必须或者强制的。

7. 易读

Python与其他语言显著的差异是，它没有其他语言通常用来访问变量、定义代码块和进行模式匹配的命令式符号（如：美元符号（$）、分号（;）、波浪号（～）等），这就使得Python代码变得更加定义清晰和易于阅读。

8. 易维护

源代码维护是软件开发生命周期的组成部分。由于Python本身就是易于学习和阅读的，因此Python源代码易维护性也成为Python语言的一个特点。

9. 健壮性

针对错误，Python提供了"安全合理"的退出机制，一旦Python由于错误崩溃，解释程序就会转出一个"堆栈跟踪"，那里面有可用到的全部信息，包括程序崩溃的原因，以及是哪段代码（文件名、行数、行数调用等）出错了。这些错误被称为异常。如果在运行时发生这样的错误，Python能够监控这些错误并进行处理。

Python的健壮性对软件设计师和用户而言都是大有益处的。一旦某些错误处理不当，Python也还能提供一些信息，作为某个错误结果而产生的堆栈追踪不仅可以描述错误的类型和位置，还能指出代码所在模块。

10. 高效的快速原型开发工具

由于Python有许多面向其他系统的接口，功能足够强大，本身也足够强壮，所以可以使用Python开发整个系统的原型。虽然传统的编译型语言也能实现同样的系统建模，但是Python I 程方面的简洁性可以使开发人员在同样的时间内游刃有余地完成相同的工作。此外，Python还为开发人员提供了完备的扩展库。

11. 内存管理器

C或者C++最大的弊病在于内存管理是由开发者负责的。所以哪怕是对于一个很少访问、修改和管理内存的应用程序，程序员也必须在执行了基本任务之外履行这些职责。这些加在开发者身上的没有必要的负担和责任常常会分散其精力。

在Python中，由于内存管理是由Python解释器负责的，所以开发人员就可以从内存事务中解放出来，全神贯注于最直接的目标，仅仅致力于开发计划中首要的应用程序。这会使错误更少、程序更健壮、开发周期更短。

12. 解释性和（字节）编译性

Python是一种解释型语言，这意味着开发过程中没有了编译这个环节。一般来说，由于不是以本地机器代码运行，纯粹的解释型语言通常比编译型语言运行得慢。然而，类似于Java，Python实际上是字节编译的，其结果就是可以生成一种近似机器语言的中间形式。这不仅改善了Python的性能，还同时使它保持了解释型语言的优点。

（二）Python可应用的平台

Python可应用的平台非常广泛，简单可以分为以下几大类：

（1）所有Unix衍生系统（Linux，MacOS X，Solaris，FreeBSD等）。

（2）Win32家族（Windows NT、2000、XP等）。

（3）早期平台：MacOS 8/9、Windows 3.x、DOS、OS/2、AIX。

（4）掌上平台（掌上电脑/移动电话）：Nokia Series 60/SymbianOS、Windows CE/Pocket PC、Sharp Zaurus/arm-linux，PalmOS。

（5）游戏控制台：Sony PS2、PSP、Nintendo GameCube。

（6）实时平台：VxWorks、QNX。

（7）其他实现版本：Jython、IronPython、stackless。

第四章 虚拟现实技术在艺术设计中的应用

第一节 虚拟现实艺术设计的概念

虚拟现实技术作为一种可以模拟三维和实体的环境，在VR越来越火的时代，各种行业人争相在虚拟现实的产业里分一杯羹。当然，艺术设计领域的设计师们也不会错过如此媒介融合的时代盛宴，将虚拟现实技术、虚拟现实的审美理念与艺术设计相结合，成了新媒体时代里艺术形式的完美突破。

在理解虚拟现实中的艺术设计前，不妨先对"艺术设计"本身进行一定的理解。从某种意义上看，艺术设计也可被称之为"美术设计"，辞典中对"设计"的解释是：在美术领域，设计指利用不同的材料、采用不同的构成方式，以求得预定的整体形象的实现的行为，与"意匠"一词的意义相近。设计要求在追求对象美的、造型的预想实现的同时，也包括对于对象功能的实现在内。"艺术设计"特别意味着在绘画、雕塑、建筑、工艺等活动中诸多视觉造型因素的配置，在强调对设计对象结构和功能的实现的同时，更加注重设计对象的视觉造型形式和审美效果。

所以，艺术设计的本质是在美术领域，通过各种手段最终以达到呈现作品的审美效果为主要目标的。艺术设计属于意识形态的上层建筑，艺术设计家们的劳动既是物质生产劳动，又更是是精神生产劳动；艺术设计作品在强调功能、满足人类需求的实用品之上，更注重的是具有审美意义的艺术品。这正是"艺术设计"区别于注重制作手段的"技术设计"的地方。因此，可以将艺术设计定义为：艺术设计是一种创造性的造型活动，是设计者根据人的需求和美的规律进行的有目的地、创造性地构思与计划，以及将这种构思与计划通过一定的手段视觉化的过程。作为这一过程的结果产生了符合人的需求的美的设计品。

但是，自古艺术本就依托于各类技术手段为呈现的，艺术与技术总是密不可分地联动发展。尤其放眼在新媒体时代，新媒体的交融性催生了艺术的表现形式也更加交融性发展。所以，也就有"交互式艺术"的概念出现。这种可以集合装置、互联网、摄录设备和所有一切可想到的媒介为一体的新媒体艺术方式，已经极大地挑战了传统绘画、雕塑的有关类型学理的甄别。换句话说，某种时刻，我们已经很难定义一部在互联网平台播放的多媒体影像作品、一场别开生面的全息投影的话剧，这些到底从属于哪种艺术的细分领域中。

科学技术对于现代设计产生了巨大的影响，20世纪80年代以来，电子计算机对艺术设计领域的影响以及计算机艺术设计的诞生就表现出高科技成就与现代美学精神的结合。现代设计的历史实际上就是一部科学技术与艺术相融合的历史。所以，设计其实本身就是科学技术与艺术统合的产物。它以科学技术为基础，用艺术设计的方式创造实用与审美结合的产品，为人类的生活服务，满足人物质和精神方面的多种需求。尤其是在新媒体时代的今天，在虚拟现实技术开始应用于艺术设计领域的今天，虚拟现实技术与艺术设计的结合正在成为这一历史进程中的崭新一页。

那么，当艺术设计与虚拟现实技术相结合，又会出现怎样的艺术理念与感知的变革呢？何为虚拟现实艺术设计？在作出概念解释前，不妨先对行业中已有的表现形式进行粗略的梳理，再来进一步理解虚拟现实艺术。目前有关虚拟现实艺术设计所涉及的细分领域主要表现在以下几个方面：

一、平面设计

以前，设计师们伏在桌边用铅笔、橡皮和三角尺作图，工作效率并不高。后来坐在办公室用电脑里的软件辅助绘图，没日没夜的对着电脑屏幕。之后就有可能实现在VR中进行创作，那时设计师们可以带着VR设备在虚拟现实世界里用VR版的PS、AL sketch等软件建模，设计好后直接传送给老板。VR虚拟现实最大特点之一就是全景操作，谷歌便开发了一款名为"Tilt Brush"的绘画软件，该软件需要设计师带上VR眼镜，然后就可以尽情发挥想象，在空间中随意创作。

二、室内设计

应用虚拟现实技术可以非常完美的表现室内环境，并且能够在三维的室内空间中自由行走。目前在业内可以用VR技术做室内360度全景展示、室内漫游以及预装修系统。VR技术还可以根据客户的喜好，实现即时动态的对墙壁的颜色进行更换，并贴上不同材质的墙纸。地板、瓷砖的颜色及材质也可以随意变换，更能移动家具的摆放位置、更换不同的装饰物。这一切都在VR虚拟现实技术下将被完美的表现。

三、服装设计

在美国的虚拟现实社区服务中，将虚拟现实技术已融入服装设计，消费者可以在家里带上一个VR眼镜，通过网店试选衣服。此外，消费者还可以将自己的身体数据上传给服装设计师，设计师可以在虚拟空间里先选择和设置布料的参数，例如，重力和风力等，进行人体动力学运动的模拟和仿真，人们在购买衣服时可以在家试穿虚拟的衣服，然后购买，这样就不会出现网购尺码或样式不满意的结果。

四、建筑设计

虚拟现实技术能为建设设计中的效果图提供更逼真的视觉效果，从而建立全方位可观看的立体建筑模型。效果图是建筑行业里的重要环节之一，如果交互性不足，效果图只能做定点渲染，展现的内容非常有限。动画虽然可以多方位展示构想，但人却不能参与其中进行随心所欲的漫游。虚拟现实技术的引入可以使设计师和客户在设计的场景里自由走动，观察设计效果，完全替代了传统的效果图和动画，实现3D漫游。

五、汽车设计

虚拟现实技术已经在汽车制造业中加以应用。在汽车设计阶段，厂商可以利用VR技术得到1比1的仿真感受，对车身数据进行分层处理，设置不同的光照效果，达到高度仿真的目的。然后还可以对该模型进行动态实时交互，改变配色、轴距、背景以及查看细节特征结构。设计师可以第一时间看到效果。在福特汽车的Immersion实验室内，通过佩戴虚拟现实头显，进入虚拟环境中，汽车工程师可以观察许到多细节，例如灯光的位置、尺寸和亮度，以及其他设计元素的位置和形状。奥迪也推出过一项名为"虚拟现实装配线校检"的技术，利用3D投射和手势控制，可以使流水线工人在VR空间内完成对实际产品装配工作的预估和校准。

综上所述，虚拟现实艺术设计是以虚拟现实技术为载体和手段，以人的多种感觉器官为平台，结合艺术设计的规律和方法，创造出身临其境的艺术环境和作品的过程和结果。

虚拟现实艺术设计是以计算机为平台的艺术设计，所以虚拟现实艺术设计应该属于计算机图形艺术设计的一个分支。作为视觉艺术，虚拟现实艺术设计与传统艺术设计在运用的视觉造型元素方面相同，都是运用图形、色彩、文字、空间、光线、质感和肌理等视觉造型元素：在视觉艺术创造规律方面，虚拟现实艺术设计与传统艺术设计都遵循形势法则和结构平面与立体的规律；在审美和视觉效果评价方面，虚拟现实艺术设计与传统艺术设计也是基于相似或者相同的评价机制。

虚拟现实艺术设计最鲜明的特征就是能让设计师和欣赏者身临其境地设计和欣赏艺术设计作品。正是这一特征，突现出虚拟现实艺术设计的价值，并实现了人类艺术设计方式和欣赏观念的一次革命，例如，虚拟现实艺术设计可以真正实现人机互动中对界面的穿越；虚拟现实艺术设计可以使艺术作品突破时空的约束，使人身临其境地体验到现实中无法体验的东西；虚拟现实艺术设计可以让人们以自然的方式与艺术作品产生互动等等。

　　无论是传统艺术设计、计算机艺术设计还是虚拟现实艺术设计，目的都是形象的创造或表现，只是它们的创作空间和创作方式有所不同。传统艺术设计是设计师在真实空间中利用笔和纸等工具直接描绘形象、设计作品。计算机艺术设计是设计师通过设计程序在计算机所创建的数字空间中创造形象，但设计师只能是通过计算机屏幕观看设计作品，无法实现身临其境于计算机所营造的数字空间的感觉。

　　与传统艺术设计、计算机艺术设计不同，虚拟现实艺术设计使设计师和欣赏者不再只是以敏锐的双眼和聪慧的大脑介入艺术作品所营造的三维虚拟空间，而是通过利用虚拟现实技术及相关设备，以完整的人的生物个体融入虚拟环境，并以简洁、自然的方式构思和创造艺术形象、设计艺术作品。通过这种融入，艺术家和欣赏者的各种生理活动，如视觉、听觉和触觉等感知行为，以及喜悦、悲伤、紧张与恐惧等心理反应，都将得到充分的表达。不仅如此，虚拟现实艺术设计还可以将设计阶段的"成品"放在一个"真实"的使用环境中去检验和测试实际使用后的效果。不仅静态设计可以放在静态的环境中观看，而且动态设计也可以放在动态的环境中去检测，这是传统艺术设计所无法企及的。而这种"真实"的检测可以发现成品的不足和问题，在其被生产出来之前就可以及时地得到改正，减少了不必要的经济支出和损失。

　　紧接着，虚拟现实艺术设计对观众的参与度的调动性会更加主动、充分一些。上段所说的对艺术成效的检验可以更及时地反映在艺术接受者的观赏体验中。如果沉浸性不高，或者造成眩晕感和卡顿等现象，则可以第一时间表现出来。而伴随着观众需要更多地使用配套设备参与进作品的欣赏或者互动中时，可以看出，在艺术的审视中，观众的地位再次获得更多的主动权。

第二节　虚拟现实艺术设计的特征

　　艺术品在创作和流通的过程中，有两大主体，即艺术家作为艺术创作者创作出艺术品展示给作为观众的艺术接受者，一部完整的艺术品最后必须经过艺术接受者的评定。所以，本节从虚拟现实技术应用的情境下，以作品本身的特色、艺术家在创作过程中的特色及艺术接受者的特征中去剖析虚拟现实艺术设计的特征。

一、虚拟现实艺术设计作品特征

（一）非物质性

　　新媒体时代的第一表现便是数字化技术为支撑的信息时代，而信息时代最显著的表现便是以计算机技术为支撑的传播进程。在这样的数字化时代里艺术作品如同信息一样，最突出的特点便是"非物质性"。虚拟现实设计艺术作为计算机图形设计艺术的分支，作为数字艺术设计的体现，其艺术作品的构成单位不再是以原子或者分子进行排列，而是比特和字节的排列。比特和字节通过计算机硬件设备以虚拟的形式去展现出世界的全貌和艺术作品的内容。这些基本单位没有颜色、体积、重量和尺寸，与传统美术设计截然不同。因此以比特作为最小组成元素的虚拟出来的"世界"被称为非物质世界，以此来区别现实世界。

具有非物质特性的虚拟现实艺术设计作品，极大地改变了传统艺术设计在创作、交流、展示和审美欣赏等方面的模式，开辟了一个艺术设计领域的崭新天地。最显著的变化是脱离了传统艺术设计的"物质"属性而不再被物质属性所局限，在时间和空间上拥有极高的自由度，为创作者提供了更为广阔的想象和创造的空间。

"数字化时代"是指一个信息存在方式正在越来越趋向于数字形式，人们的生存越来越依赖于"计算机"这种数字工具的时代。计算机从二十世纪中叶出现后边以质变的迅猛速度解开了人类生存方式与信息传播的新纪元。随着计算机在人类生活的各个领域中不断地升级应用，我们进入了"数字化时代"。在数字化时代，人们生活的方方面面发生了很大变化，也催生了一批相应的、新的艺术设计形式，如网页艺术设计、多媒体艺术设计、视频艺术设计、电脑动画艺术设计和虚拟现实艺术设计等等。

（二）现实性

建立在模拟、仿真客观现实世界，以获得真实的沉浸性是虚拟现实特性的基础。虽然，虚拟现实在表象上看是虚拟的、数字的和比特的，但它的本质也是反映现实世界的客观真实性上。用户在浏览它时要获得真实感，这决定了它与现实世界之间必须是映像对应关系，即虚拟现实世界的各种属性和特征，必须根据现实世界的物理逻辑、客观规律，对现实世界中的真实景象、自然现象等进行模拟，并使之形象化地使用数字化的技术手段为依托。虚拟现实艺术设计表现在与现实世界产生或者描绘着千丝万缕的紧密联系。这也是美术设计，亦或是艺术设计的本源，即艺术来源于生活，一个传统意义上的现实世界。

虚拟现实艺术设计中，现实世界是虚拟现实的仿真对象，这种仿真表现在三个方面：首先，虚拟现实领域的艺术设计可以仿真人的各种感觉器官所能感受的刺激，包括图像、声音、震动等等；二是这些虚拟现实的设计作品也是现实世界的仿真模型。现实世界中的典型特征和属性都应该在虚拟现实作品中得到体现；三是虚拟现实设计作品虽然是数字的，非物质的，但欣赏它的主体是客观真实存在的，无论是创作者还是接受者在体验虚拟世界的时候，是根据自身在现实世界中的经验来设计和评价的。

可见，虚拟现实艺术设计本质上是一种对现实世界的摹写和描述手段，是对现实世界属性的复制和反映；虚拟世界对现实世界的超越或"创造"是以现实世界为根基的，归根结底是人脑和人的理性思维的延伸；在虚拟世界中艺术家创作行动的功能后果上的有效性，最终还需要在现实世界中加以验证和实现。

（三）超越性

虚拟现实艺术设计的魔力又在于它来源于现实、反映现实，但它又是非物质性的，是比特的存在。而这种比特的存在表明这些以虚拟现实技术为依托的艺术作品可以在设计上脱离传统艺术设计中的纯物质属性，或者说，不再被物质属性所限制。虚拟现实中的数字技术意味着所有的设计本身是可以被编程的，这就说明计算机编程可以完成一切传统设计中的"不可能"。换句话说，虚拟现实中的艺术设计，来源于现实，同时却又大大超脱于现实，更丰富与传统美术设计。这本身也是计算机形艺术的魅力所在，它们将一切在传统画作中那些可感知、触碰的线条、技法，变成了一节节字符、编码，最后计算机技术的算法取代了传统艺术设计技艺中的技法。

虚拟现实艺术设计作品的超越性表现在以下两个方面：

第一种是用计算机数字化语言去展现人工世界的算法语言，并打破空间上的限制，在计算机生成艺术作品的维度下，无止境地不断突破三维到四维的立体空间的创作。这样的艺术设计更像是科幻电影《星际穿越》中的"虫洞"，人类从传统的平面设计、到立体图形设计，再到永无止境的多维空间设计。在虚拟现实设计中，如风景区旅游景点的设计，可以让观众足不出户就可浏览世界上任何地点的名胜景点，也可以一定程度地违背物理原理，从各角度来观察事物。

第二种是时间上的可操作性。艺术主体可以随时靠保存、暂停、快进、回放等多种形式去浏览虚拟现实艺术作品，且打破了地域限制，一切可以通过互联网完成。它可以根据需要，灵活地扩大或缩小虚拟世界的时间尺度。同时，虚拟现实艺术设计可以逼真的达到让观众在数秒钟内就可领略火山喷发、山崩离析的自然壮景，也可以观察细胞分裂时的细微末节，又或者是子弹穿过的慢镜头。

总之，虚拟现实艺术设计可以突破空间和时间，突破技法和纸张等界面，让观众去体验传统艺术创作中的种种不可能。可以使人进入宏观或微观世界的研究和探索；也可以完成那些因为某些条件限制难以完成的事情。一个形象的例子，在古罗马时期的画作，画家需要靠得是临摹和虚实相间的技法去展现帝王将相的威武之躯，而在虚拟现实艺术设计中，帝王将相不仅可以靠Photoshop这种简单的绘图软件去展现人物的高大感，还可以通过虚拟现实技术，让观众"走近"帝王，甚至是产生互动。

（四）集成性

虚拟现实作品特别是沉浸式虚拟现实作品，将图像、声音、文本、动画、音频、视频等多种媒体形式集合在同一个文件中进行编辑处理，同时每一个独立媒体都具有单独的新意义，再通过整合产生新的艺术设计形式。这就是虚拟现实艺术设计作品的集成性。这将大大丰富艺术设计的构成语言。

虚拟现实是时间与空间艺术的交叉和兼容。正是它的这种集成性特征，使得它可以兼容和侵入以往的一切艺术设计领域，借鉴一切传统艺术设计的表现手段，完成自己的艺术设计创造；也是它的这种集成性特征，兼容了视觉、听觉、甚至触觉、嗅觉和味觉等感知元素，导致用户模糊了真实与虚拟之间的差别，仿佛置身于现实世界之中，从而实现身临其境的感受。

二、虚拟现实艺术设计创作特征

虚拟现实艺术设计除了自身审美特性外，还在艺术家的创作过程中有着不同于传统艺术设计的特点。在这里，笔者以传统艺术创作的创作特征与虚拟现实艺术设计的创作特征进行对比分析。

首先，虚拟现实艺术设计属于艺术设计领域，它与传统艺术设计一样，都是一项有目的、有计划的活动。但在艺术家的创作方式上区别于传统美术艺术，更多是面对新媒体时代的市场竞争激烈的情境下，以受众需求为向导，以技术为创作基础的。

对虚拟现实艺术设计的艺术家来说，他们除了习得艺术家本身的特之外，还需要掌握更多技术要领，尤其是计算机图形设计的技艺。这类艺术家在作品设计创作中，先是捕捉和挖掘受众的需求，按照市场需求分析相应的形式，同时考虑到当下的数字技术、工艺水平、成本运作以及绘画和雕塑等艺术风格，之后再初步确定外观特征和实用方法。他们还需要与计算机虚拟现实技术的工程师相沟通和结合，让计算机工程师检验作品构思的技术可能性，从技术观念向作品的结构和形式过渡，考虑到技术的可行性，对形式做出修正。之后，虚拟现实技术下的艺术品需要艺术设计师和工程师共同对作品进行技术上和审美上的再加工。

值得强调的是，这与实用美工师也并不相同，实用美工师只是在计算机编程设计或制作出产品的功能形式和技术形式后，才进行自己作品的创作。而艺术设计师则相反，他从一开始就和从事设计的工程师一起工作，因此他对整个作品负责，而不仅仅对其艺术性负责。也就是说，艺术设计师必须了解技术，致力于技术与艺术的结合。所以说，虚拟现实艺术设计创作不是传统的美术设计，也不仅仅是后期计算机图形设计中的表面装饰，它是一种利用虚拟现实技术，有目的有计划，并贯穿于创作的全过程中。

最重要的是，艺术设计在虚拟现实技术的应用下，其创作过程是一个数字化的构建过程，艺术作品实现的也是展示一个虚拟世界的感觉映像的过程。一般来说，在制作虚拟现实技术的设计作品时，整个创建过程可以分为三个阶段：先是以选择真实世界的外貌、声音等典型属性，建立模型；然后是使用软件工具制作虚拟现实的表达；最后是将软件系统与硬件结合，实现最终的虚拟世界。

对艺术设计者来说，采用虚拟现实技术建模或者构建作品本身就是一个极其复杂的过程，它需要以观众参与性的现场实施后果为落脚点，必须充分结合观众对作品视听效果、触觉等一切信息接收与反馈的各种可能性，并通过数字化的虚拟现实技术定量或者定性的表达出来。所谓定量就是利用相关技术得到感知数据，由此准确地描述虚拟世界；所谓定性则是从大量信息中总结出来的一个具有代表性的全局图。这些大量信息不一定可以用感知数据来表示，但可以从中总结出一些有用的结论。

使用软件工具制作虚拟现实是虚拟现实实现的重要步骤。这个过程主要完成两项工作：计算机图形的绘制和定义应用接口。因此，虚拟现实的制作方法是由虚拟现实的制作引擎，在虚拟现实的软件工具包的支持下制作完成的。制作完成的虚拟现实系统通过接口设备和虚拟现实的对新时代的特性，这些创作过程对设计师的素质和技能提出了更高的要求。他们不仅需要超前的艺术理念为支撑，还需要更多技术型专业性的知识技能为实践储备。从以上也可以看出，虚拟现实技术领域中的艺术设计也讲是未来数字化艺术设计师们提升技能的重点领域。

三、虚拟现实艺术设计受众特征

虚拟现实艺术设计的受众特征也就是指观众在感触艺术作品时的欣赏特征。这种欣赏特征首先表现在受众感知的多元性上。与传统艺术形式相比，如电影此类的艺术形式，不外乎也仅是调动了观众的视觉与听觉的特性，更不用说传统美术、雕塑类作品了。而虚拟现实艺术设计的多感知性表现在具备传统艺术设计的所有感知系统外，既可以集合多重感知性为一体，还可以探索更多的人类感知经验。

虚拟现实系统尤其是沉浸式虚拟现实系统还能提供除视觉和听觉外的触觉、嗅觉、味觉等多种感官信息，让人获得更为逼真的身临其境的感受。例如，在此类艺术作品的设计中，可以将艺术场景中物体的重量、硬度、温度、湿度、表面光滑程度等属性加以记录，将系统的画面、声音、动作等实现同步运作，用户在欣赏时带上操作装置和信息反馈系统的设备，就以感受到被触摸物体的轻重、软硬、冷热、干湿等等。观众还可以触摸、移动虚拟场景中的物体，如与虚拟世界中的人物握手、搬动一个箱子、驾驶一辆汽车、折断一根木棍等等。

综合来看，目前一般的虚拟现实所具有的感知功能还仅限于视觉、听觉、触觉等。紧接便是虚拟现实艺术设计的受众主动参与性的特征，即交互性。

任何虚拟现实技术下的作品的显著特点之一都是人与作品的交互性，当然，虚拟现实艺术设计也不例外。交互性是新媒体时代的本质特性之一，它是使用者与接受者相互交流的根本途径，也是传统艺术走下高高在上的殿堂成为喜闻乐见的艺术品的媒介基础。在虚拟现实艺术设计中，它是欣赏着达到真正互动性思索和沉浸式交流的重要方式，也是观众与虚拟世界的仿像进行互动的入口。这种对观众提出的观赏高动力是传统艺术设计所不具备的。同样，艺术设计领域中VR应用的互动方式也大致分为人眼的视觉交互和观众与作品之间的行为交互上。欣赏特征中的交互特征能让观赏者在虚拟世界中实现许多亲身感知，使用受众备对虚拟艺术品可进行操控和游戏。

虚拟现实美术设计中人的视线以计算机图形设计为基础的应用是视觉交互最直接的体现，计算机能够生产随着人与图像的互动对应地进行新的图像运动轨迹的刷新与渲染。据资料显示，为了实现这种视觉交互性，计算机系统需要有每秒感应60次不同方位动作的能力，以及至少要有30~60Hz的图形更新频率，也就是说，将当前三维场景渲染为一幅画面的时间要在0.03~0.16秒之间，这样才能使人同步感受到图像的变化，如同在真实世界中一样。

而人与设计类作品的互动除了视觉上的还有就是行为本身的交互性，也就是与虚拟空间的互动。如果说上文的视觉交互还是停留在"平面"的视觉图像上，那么，行为交互则是更"立体"的互动方式。因为视觉上的互动无论如是体会不到有关图像中物体重量、软硬属性的。也就是说，但是虚拟桌面的交互式无法完成行为空间的交互的，行为交互的沉浸感更加强烈。而行为交互则是以触觉、味觉等形式为虚拟物体赋予更多的属性体验，如材料学属性和运动学属性等，并使人能通过硬件设备触摸到这些物体，同时通过计算机系统实时地把这些属性传递给人手指、手腕上的控制设备，产生与人触摸真实物体时同样的刺激和反馈。

第三节　虚拟现实艺术设计的细分领域

艺术设计的细分领域非常繁多，比较颇具有市场影响力的按照艺术专业来细分的话，包括了视觉传达设计、环境设计、包装设计、多媒体设计、网页设计、广告设计、室内设计、版式设计，等等。虚拟现实艺术设计，顾名思义，就是利用虚拟现实技术与传统艺术设计进行结合的新媒体艺术产物，其特征如上文所述，是计算机图形设计领域中的最具沉浸式体验的交互性设计。若要对虚拟现实艺术设计进行分类的话，可以从"实现手段"和"视觉效果"两个角度出发，去理解不同细分领域下的虚拟现实艺术设计。

一、按照实现手段细分

按照实现手段细分的虚拟现实艺术设计是指强调虚拟现实技术的三种主要实现方式去表现艺术设计，可分为沉浸式、桌面式和网络式三种。

（一）沉浸式

沉浸式在这里主要是借助于虚拟现实技术实现艺术作品的身临其境感。这需要在硬件方面获得更多的支撑，高性能计算机、头盔式显示器、音响系统以及数据手套等各种交互设备。这些硬件设施向设计师提供视、听、触等直观感觉，设计师能够以一种黑科技的方式实时地与设计对象发生交互作用，进而使设计师产生一种身临其境于设计作品所营造的虚拟空间的感觉。

纯艺术观赏类的沉浸式虚拟现实艺术设计一方面是观众自身的沉浸感，另一方其实也是创作者在创作时，对计算机的操作便与平面设计的操作不同，本身也是非常行为化的操作方式。虽然目前此类虚拟现实艺术设计还没有被广泛采用，多为游戏领域会涉及，但随着硬件设备性能的不断提高，以及硬件设备价格的不断下降，沉浸式的虚拟现实艺术设计必将会在艺术设计领域中得到普及。

（二）桌面式

桌面式虚拟现实艺术设计虽然缺乏完全的身临其境感，但是，其对硬件的性能要求不高以及成本相对较低。在硬件方面，桌面式虚拟现实艺术设计是把电子计算机显示器的屏幕作为设计师观察设计作品的一个窗口，设计师使用输入设备实时地与三维虚拟空间中的各种设计对象进行交互。设计师虽然坐在显示器前面，但可以通过屏幕观察360度范围内的虚拟空间；可以利用鼠标使虚拟空间中的物体平移和360度旋转，以便从各个方向观看设计对象、修改设计作品。设计师还可以仅借助三维眼镜或安装在计算机屏幕上方的立体观察器等一些廉价的设备，就可以产生一种三维空间的幻觉来增加身临其境的感觉。且一般的声卡和内部信号处理电路就可以产生真实性很强的立体音响效果。

在环境设计和室内设计中，虚拟现实技术的应用已经比较获得了市场的青睐，国内也已经有很多创意公司在从事着VR室内设计、环境设计的工作和人才培训。目前许多室内装饰公司开始利用桌面式虚拟现实艺术设计进行室内装饰设计，设计师和客户可以利用鼠标就可以在虚拟的房间中到处浏览，实时地比较和修改各种设计方案，在双方达成共识后，再进行施工。这样通过桌面式虚拟现实艺术设计既可以加快设计进度，又可以减少在施工完成后设计师与客户之间在设计上的纠纷。

国内目前这种设计更多就是以全景图合成的方式进行的，用户利用全景图合成软件，将渲染好的图片系列进行新图片的合成处理，配以三维眼镜便可观看成像。

（三）网络式虚拟现实艺术设计

网络式虚拟现实艺术是网页艺术的进一步发展。传统的互联网是以超文本标识语言为基础的一种访问文档式的媒体，它通过形象化的图标、控制板、菜单等手段，将文字、图像、声音、动画等元素以层次和链接方式整合起来，从而营造出一个视窗式的二维世界。

网络式虚拟现实艺术设计是以VRML语言（虚拟现实建模语言）为基础来实现的，是一种在网络上使用的三维形体和交互环境的场景描述语言。它使信息能够在一个交互的三维空间中被表达出来，当用户在互联网中巡游并访问一个VRML站点时，VRML浏览器会将VRML语言中的信息解释成虚拟空间中目标几何形体的描述，当用户在该空间运动时，浏览器将绘制并实时显示这个空间。VRML使互联网的一片平面世界变成了一个可导航的、超链接的三维虚拟空间，使互联网具有了强烈的身临其境感和完全的互动功能。人们不仅可以浏览互联网上的三维虚拟空间，而且还可以实时地操纵其中的各个对象。

目前，在国内外比较著名的网络式虚拟现实艺术设计软件有Cult3D，Anark等。例如，Anark Studio是一款专业网络式虚拟现实设计软件，一个可以结合3D和2D图形、视频、音频、文本和数据来创建单一流式互动演示的强大内容编辑软件，可以使作者利用现存内容在一个多层媒体环境中开发视频级演示方案，可以创建视频级显示的多媒体交互作品等功能。它能够把 2D&3D 模型、图像、视频和音频无缝连接起来，通过 Anark Studio，设计师可以创建出一个逼真的、绚丽的、并可交互的三维虚拟空间，从而将普通互联网界面转变为广袤的三维世界，并且人们可以利用鼠标，与三维虚拟空间中的物体以多种不同的方式进行交互。例如，可以改变物体的颜色、可以控制物体的运动、旋转和放缩等。Anark Studi。让人们以一种崭新的方式在互联网上进行沟通和交互。目前，它已开始应用在远程教育、电子商务、在线产品演示等领域。

二、按视觉效果分类

虚拟现实艺术设计按视觉效果分为两种形式：一是对传统的复现到超越，二是幻想性的虚拟。

（一）对传统的复现到超越

虚拟现实艺术设计的第一层面的符号意味便是对现实的模拟与高仿真。初级的 VR 艺术设计首先要做到的是外形相似，即在视觉上和真实物体相似。需要首先解决形状的相似，可利用几何建模的手段完成，让虚拟物体的外形与模拟对象一致。还有就是在感觉上与真实物体相似，可采用物理建模的手段。物理建模就是对物体进行纹理、光照和颜色等的细节处理，使得可以感受到它的材质。

为了逼真地再现真实世界，给人一种身临其境于真实世界的感受，就必须设计出与真实物体形似和质似的虚拟物体和虚拟空间。虚拟现实技术一直在强调虚拟空间的真实感与现实世界的现实感没有差别。VR 艺术创作好像是雕塑创作，当穿越到虚拟空间进行创作，画家本人可以走进自己的立体作品内部，进行艺术品的内部创作，这是现实世界的艺术家所不敢想象的，所以 VR 艺术创作本身具有超现实主义的色彩。

除了上述在视觉上建立起一个仿真现实的虚拟性外，虚拟现实技术引入艺术创作，一个更大的优势是对传统画作进行在创作，从简单的立体复现到超越传统的能力上。目前，很多 VR 艺术品便是建立在对经典致敬的基础上，对经典进行在创作的设计思维。

（二）幻想性的虚拟

幻想性的虚拟是指架空现实，达到一种极致幻想的虚拟空间设计，它并非要以模拟现实的真实性上作出努力。换句话说，对现实中的不可能进行虚拟现实的艺术设计，如对神话、传说地场景的展现。虽然内容上可以是子虚乌有、非常荒诞的，但是却象征着人类文明历程探索中的永无止境，为人类艺术创作带来更广阔的想象空间，代表着人类的智慧。这一点，在艺术上本身就是共通的，艺术来源于生活，却高于生活。例如，模拟海底龙宫世界，可以使人置身于虾兵蟹将之中，看到各种奇珍异宝。生动逼真的画面，可以使人宛如真正身临其境于龙宫之中，并且最重要的，就是它是交互式的，也就是说随着人的不同反应，出现不同的情景。这一点是目前现实生活中的娱乐手段所做不到的。

　　总之，当艺术遇上虚拟现实技术，在未来不过几年中，很有可能发生翻天覆地的大变化。我们可以畅想，当草间弥生遭遇VR艺术，她面临的问题是如何离开平面绘画的习惯，戴上VR头显，拿起虚拟的调色板，在虚拟空间里面创作她喜欢的圆点、南瓜，圆点变成圆球，平面南瓜变成立体南瓜，布置在虚拟的艺术空间里面。未来肯定还有更多建筑师、设计师、雕塑家、导演等人加入虚拟创作的行列。

第四节　虚拟现实与产品设计

一、数字化产品发展对设计的影响

　　数字化产品飞速发展，是推动产品设计的智能化、数字化趋势，以数码类产品为例观其发展趋势集中体现在：

（一）数字化、界限模糊化及多样化和集成化

　　当前科技的发展使数字化的步伐加快是消费类数码产品一个最突出的特点。

　　1.数字化

　　传统的模拟数字产品已经不再适用，逐渐被新的数字化产品替代。当前人们关注市场的热点都是数字化，如数字音响、数字相机、数字电视等产品。由此，数字环境建设的概念也由此而产生，如数字城市、数字家庭等，并且很快就成为热门话题，人们的焦点都集中在了上面。

　　2.多样化和集成化的趋势明显

　　目前，各种游戏机、摄像机、MP3、数字相机及多媒体设备等正逐步侵占以电视、音响为代表的传统家庭娱乐设施阵营。

　　3.界限模糊化

　　目前很难给计算机、消费类数码产品、通信设备划分一个很明显的界限，只能用界限模糊化来进行分类，如拍照手机、平板电脑等产品在进行科技升级，按照目前的标准很难对其进行分类，它们相互之间的界限已经模糊化。

（二）视听技术与高科技信息技术结合紧密

　　时下流行的网络电视是一个消费类数码产品与信息产品之间无线联网的典型例子，这说明视听技术与信息技术的紧密结合成为一种潮流。另外一个很典型的例子是"蓝牙"技术的运用。这是目前市面上相当流行的无线联网技术，几乎到处可见。可以这样说，不管是个人电脑，还是移动通信等各种消费类数码产品，其联网方式都可以通过无线来实现。

（三）消费类数码产品越来越"人文化"

技术新颖是产品的一大卖点，除此之外，尽可能地符合消费者的需求，体现产品的"人文化"是另一个销售热点。比如现在已经应用在电视机上的技术，可以实现自由存储用户喜欢的节目并且电视节目菜单能够按照客户的要求编制出来，这是以往的电视机所做不到的。

（四）无线应用技术成为时尚

随着无线技术向各个领域的延伸。人们的生活发生了巨大的变化，工作方式也随之改变，因为这一整套的高科技设备能够及时提供声像、文字传输、图像、网络服务，从而引领生活、工作方式的改变。

（五）产品商务网络

网络无疑是20世纪以来人们谈论的焦点。网络的快速发展以及计算机的普及，使得人们无论在外工作还是在家生活都变得十分方便快捷。比如买东西，网上购物已经成为人们消费的主场之一。

从以上论述不难看出，飞速发展的数字化产品，提供了VR技术发展的平台。

二、虚拟现实技术在传统设计领域中的应用

数字媒体时代下计算机技术的发展，推动了虚拟现实类产品的使用，同时渗透了整个设计领域。计算机运算产生的设计结果，通过设备媒介向设计者展示，并允许设计者做出修改，提高了前期设计的效率。在计算机虚拟的空间中搭建数字模型，模拟自然界中的景象，虚拟现实技术展示一栋栋立体的虚拟建筑物，用户在虚拟建筑中穿梭漫游产生身临其境之感，提升了设计后期的展示品质，这是虚拟现实技术在设计中的基础应用。

虚拟现实应用涵盖设计的所有领域，包括产品设计、视觉传达设计、环境空间设计。虚拟现实除了对设计领域的渗透外，其自身也正在形成以虚拟现实技术为主体的产品，以其技术为主导的设计包括产品可视化、产品展示、游戏开发、虚拟导游、建筑漫游、城市规划漫游、室内设计游览、广告设计、动态标志、虚拟展示等。这些领域中都开始使用VR技术来增强其表现功能和产品功能。

VR技术贯穿现代设计的全流程，在设计的初期主要表现在虚拟模型，后期则以效果图和虚拟动画方式，设计与表现不必再依赖庞大而昂贵的大型设备，只需在一般的计算机上就可以完成，设计师可以利用这种技术建立构想中的现实场景，也可以用它来分析和预测设计的实际成果。

以VR技术独立开发出的数字化产品正在兴起。这一类产品依赖数字媒体平台发布，人可操控与其交互，近年来数字移动终端几乎控制了人们的业余时间，它像一把双刃剑带来正、反两方面的效应，例如，一方面通过一个移动终端，如手机或其他数字终端，可不受时间、地点限制，随时上网获取任何艺术及人性化的服务。另一方面

沉迷于网游，忽视了人与人之间的面对面沟通，但这一潮流是不可逆转的发展方向，只能疏导，而不能强行堵塞。严肃游戏就是一个很好的例证。

三、产品设计与VR

产品设计是工业设计的重要内容之一，其由概念设计、产品开发设计、改良设计三个类型组成。一个产品往往最初只是一个想法，把一个想法从理论变成一个产品的过程就是概念设计；产品开发设计是把想法变成可生产的产品并推向市场变成一个商品的过程；改良设计是去发现产品的问题和缺陷，通过改进升级换代，在不断升级的过程中，或随着时间推移，技术发生革命性的改变，材料发生变化，这一切再一次激发出新的想法并形成新的概念，它们之间就像一个圈，周而复始推动社会生产力向前发展。

手绘草图之后虚拟建模便开始了，三维虚拟空间里的模型可以反复不断地修改造型，研究结构的合理性，赋予材质后可对其色彩进行分析和改变。打上虚拟灯，模拟现实光和影，通过渲染可得到产品的机械制图、三维效果图、爆炸图，用这些图可评估和指导生产。三维模型可直接进行3D打印，不在模型制作上花费大量的时间和精力，虚拟现实改变了产品设计的流程。在传统的设计流程里，设计是由草图开始的，然后是效果图、草模、机械制图、1：1模型；而现在就可遵循新的设计流程：手写板电脑绘制草图、虚拟三维动画效果图、快速成型模型，不难看出数字化已经主导了设计过程。

现代产品设计过程中，基于虚拟现实技术的虚拟制造技术广泛应用，在一个统一模型之下对设计和制造等过程进行集成，它将与产品制造相关的各种过程与技术集成在二维的、动态的仿真真实过程的实体数字模型之上。可加深人们对生产过程和制造系统的熟悉和理解，有利于对其进行理论升华，更好地指导实际生产，即对生产过程、制造系统整体进行优化配置，推动生产力的跃升。

另外，二维虚拟产品可视化、产品展示作为展示的新颖方式正悄然兴起，二维预想虚拟技术能更全面、生动地体现环境与产品、用户与产品之间的关系。同时在产品的推广与宣传中，所产生视觉冲击力会加强产品的印象，为产品的推广起到重要的作用。

四、产品可视化与VR

从产品设计表现发展的历程来看，分为三个时期：手绘效果图、计算机效果图、产品可视化。产品可视化源于计算机效果图，深化了效果图的单一表现功能，由此拓展出集声音、图像、互动于一体的综合展示形式；它以表现为目的，以技术为手段，以新媒体为平台、在展示产品形态、结构、功能、人机交互的同时，结合环境空间氛围更加逼真地还原产品的色彩和材质，并广泛应用到产品设计领域对以方案评估、设计分析、人机教学、产品体验等专业展示和产品宣传为目的的市场展示活动中。

产品可视化概念的形成是以数字艺术和可视化技术为依托的虚拟现实技术对产品设计表现的一次革命性改变，是可视化技术在产品设计领域中以产品为表现对象的应用，可视化利用计算机图形学和图像处理技术，将数据转换成图形或图像显示在屏幕上，并进行交互处理的理论、方法和技术。可视化技术是用二维形体来表现复杂的信息，实现人和计算机直接交流。可视化技术具有仿真、三维和实时交互能力，从这一点上来看，计算机效果图就是可视化技术的应用成果。

从产品设计表现发展历程来看，设计软件进入产品设计领域宣告计算机效果图时期的开始，这是计算机可视化技术在设计表现中第一次渗透技术与艺术的一次联盟。它终结了以手绘效果图加模型为产品表现手段的时代，加快了产品开发的周期。手绘效果图和计算机效果图时期，表现基本上还停留在产品设计程序上的需要，用来体现设计师的创意理念。随着三维软件版本不断升级，计算机硬件内存不断扩容，保证了视觉文件的渲染与存储，平面效果图表现向二维动画表现过渡，产品可视化概念由此产生，产品表现迈入了以动画表现、交互技术为代表的第三时期产品可视化时期，这是计算机可视化技术在产品设计表现中的第二次渗透，它的核心是视觉表现和交互技术的一次交融，产品设计表现有了更多的表现语言，同时也拓展出其他使用功能，如产品广告、产品多媒体展示、产品交互体验，可以说产品可视化重新诠释了产品表现的方法和手段。

（一）视觉表现和交互技术的交融

产品可视化分产品视觉表现和交互技术两个主要方面，这两方面有时是独立的，有时是交融的，其基础部分也是大致相同的，都经过建模、材质、灯光、动画、渲染制作过程，但细节又会根据需求有所不同，特别是后期处理软件和播放模式都不尽相同。

视觉表现实际上是一系列视觉符号的传达。综合产品的造型、色彩、材质等视觉要素。传达产品的功能和结构特征。产品可视化的视觉表现更完整，其表现形式主要包括：图像、声音、文字及产品本身，视觉表现上结合了当下电影中盛行的CG影视特效技术。在产品形态、结构、功能表现的同时结合环境空间气氛，逼真展示出产品色彩和材质肌理。视觉表现很重要的一点是镜头语言，由于目的不同，因此在产品表现时虚拟摄像机的推、拉、摇、移和电影的镜头表现有相同和不同之处，它更强调叙事需求，这种需求也决定产品视觉表现不是简单追求镜头的炫、闪和没有内容的华丽场景，它更注重逻辑、条理和清晰性。在制作流程中借鉴动画设计的一些流程，前期准备工作有文字脚本、分镜头设计方案，中期工作主要是动画的制作，后期工作是特效及合成。产品可视化的视觉表现是吸收多种艺术表现形式的综合体。

交互技术从产品使用的角度可以理解为用户与产品及环境之间的互动与信息交换的过程。交互技术的应用领域非常广泛，就产品设计而言，它连接人与产品之间的感受距离，当下交互有两种形式，一种是通过鼠标或手触摸屏幕，在计算机虚拟空间里行走、观看。另一种借助外部设备和装备来完成，数据手套技术就是在虚拟现实中主要的交互设备。它可以控制机器手臂，可以与产品进行抓取、移动、操作、控制，以及对产品进行结构拆装组合。通过交互对产品的功能可视化、结构可视化、操作可视化、控件可视化等内容与产品进行信息交流。

数字化时代智能系统的重要特性之一就是要具有良好的交互性。对于旨在提高人类家庭生活质量的智能家居服务系统，良好的交互显得更加重要，应用于智能家居的基于 Avatar 的 HCI 系统的开发是提高智能家居人机交互体验的有效方法之一。同时，基于 Avatar 的具有语音和视线交互功能的智能家居终端也属于典型的视觉表现艺术和交互技术交融的产品之一。该项目提出并实现了语音和视线双通道交互，实现了无须手动参与的交互方式，利用中文简化版情感量表，对系统进行实验测试，得到了基于 PAD 情感空间的情感体验描述，实验结果表明具有视线和语音交口功能的 Avatar 智能家居服务系统可以提升用户在交互中的正向情绪，从而提升智能家居领域以用户为中心的自然人机交互体验。该系统 Avatar 由 5 个模块实现：形象模块、视线追踪模块、Socket 模块、语音识别与合成模块和任务推理规则模块。其中视线追踪模块提取用户眼睛注视区域；Socket 模块用于 Avatar 形象模块与视线追踪模块间的相互通信；语音识别与合成模块完成语音交互。由于互相独立地利用多个通道并不是真正意义上的多通道界面，不能有效地提高人机交互的效率，因此该项目利用任务推理规则模块协调从语音、视线两个并行、协作和互补通道的非精确输入获得的任务信息。

人工心理模型驱动的人脸表情动画合成也是视觉表现与智能交互技术交融的典型研究成果之一。通过该项目研究，提出了一种 HMM 情感模型驱动的人脸表情动画合成方法，该方法以人工心理模型输出概率值作为权重向量，通过因素加权综合法，控制表情动画模型参数。该方法采用的人脸表情动画算法工作量较小、速度快、空间开销小、仿真效果真实自然，特别是与人工心理模型相结合，不但实现了计算机对人类心理活动的模拟，而且情感输出通过人脸表情动画合成技术表达，实现了心理状态对表情的实时驱动，合成的人脸表情动画真实、自然，进一步提高了人机交互的人性化程度。该项目的研发，为虚拟人生成应用、情感计算、情感机器人和友好人机界面等领域提供了一个良好的人机交互基础平台。

（二）产品可视化辅助产品设计

辅助设计包括：设计分析、方案评估、人机教学几个方面，产品设计有自身的规律性程序，依靠规律性程序能够提高工作效率。产品可视化深入到产品设计程序中，甚至改变了传统产品设计程序，可视化数字模型全角度观察，它贯穿产品设计的全过程，具体包括：结构装配分析、色彩搭配分析、材料肌理分析。通过动画还可以生成产品的装配过程、爆炸过程、运动过程的动画文件。

开发一件产品是循序渐进的过程。对设计方案而言，每个阶段都是经历反复评估的过程，在手绘时期这是一件繁重的工作，可视化技术可大大减少基础工作量，修改工作只需要改正有问题的地方，而且避免了许多人为误差。

人机教学是产品可视化设计在教学里的应用成果，教师在授课过程中不满足通篇文学教案或静止图片的展示，通过动画或交互的形式把产品做成多媒体课件，这种集图像、声音、虚拟漫游于一体的可视化展示是系统记录和经验保留的形式，可生动、形象地呈现出教师需讲解的内容，它的用途也非常广泛，不仅在学校教学中使用，也用于企业培训。

（三）拓展产品市场展示功能

传统产品展示多以产品实物为展示核心，现在除实物展示外增加了多媒体展示内容。以新媒体（传统媒体的数字化延伸、媒介生产流程的数字化、交互媒体）为传播载体，以平面或二维形式将产品的信息传递给观众，具有覆盖面广、速度快、简单、便捷的特征。当下展会中的宣传片、产品简介、空间漫游等数媒作品随处可见，正是因为市场的大量需求，促进了产品可视化在市场宣传领域的不断拓展。

同时产品体验在网络中展示的方式也大行其道，它用虚拟交互方式来诠释产品，通过体验，设计者可发现更多不合理和需要改进的地方，同时也可帮助消费者在使用前了解和掌握产品的各方面性能。目前市场越来越重视客户体验，产品体验作为产品宣传的形式逐渐兴起。但从三维交互体验形式上来看，它还有很大的发展空间。当下客户已经习惯在购买产品之前先进行网上信息查询，这些信息以二维观看形式居多，它加深了客户对产品的全面印象，帮助用户做出购买决定，商家也正是看中这一点，并愿意为此投资，资金的注入在促进网络商业发展同时也会间接地促进二维交互体验的发展。

（四）产品可视化是产品设计的主流发展趋势

产品可视化的出现打乱了固有的产品设计程序，并重新建立比之前更简单、实用、易于操作的设计程序。同时，产品可视化游离于产品设计之外，以单纯的视觉表现向着独立产业化、专业化方向迈进。

可视化技术的日益成熟，越来越多的新技术融入产品表现方法里，如VR技术即虚拟现实，AR技术即增强现实，CG技术即计算机图形等，另一方面产品可视化观看方式通过屏幕完成，它的存储方式是以数字化文件形式存在，在传播平台上的交流更方便快捷，目前世界上大的设计公司开始尝试通过网络平台，利用视频连接不同地区的设计人员共同开发产品，这些方法的实施从一个侧面反映了产品可视化应用的程度。

一方面，产品可视化设计正向着独立制作、专业化方向迈进，产品可视化在产品设计中起到了简化产品设计表现的作用，设计者个人就可完成，但在产品可视化拓展市场领域里，产品可视化以单纯的产品展示形式出现，它的工作量会变得巨大，流程和人员需求有时甚至不亚于制作一部动画电影，它需要一个团队。另一方面，市场对产品的宣传需要可视化技术，各种展示会、多媒体宣传、网络产品推销等都需要大量的产品视觉表现和可交互体验的产品可视化作品，这促使产品可视化形成行业和产业链，从而也向专业方向发展。

由此不难看出，产品可视化是以计算机技术为基础，艺术创作为形式的计算机图形学，为产品设计表现提供了新的可能性和更广阔的创意空间，其艺术表现超越了时间和空间，是产品设计表现的一次革命性飞跃，还需不断完善自身内容，逐渐形成完整的体系，然而产品可视化并不是产品设计表现的终止符，它只是产品设计表现的一个时期，必将经历萌芽期、成长期、成熟期、拓展期，之后会被产生的新的表现方法渐渐取代，就像所有的事物发展规律一样。

五、虚拟交互与VR

（一）环境空间与VR

环境是人生产、生活、从事社会活动的地方，空间是一个容器。环境空间是一个大概念，它涵盖了城市规划、住宅小区、室内设计、商业广场、风景园林等。在环境空间设计中。几乎已经被电脑取代，虽然设计的前期草图还是以手绘图居多，但中、后期的处理基本都是用计算机软件来完成的，因此，环境空间从施工图到效果图都是在虚拟空间里完成的，而在设计的过程中通过网络连接，世界不同地方的设计师可以在同一个虚拟空间里共同完成设计。

BIM通过数字化技术，在计算机中建立虚拟的建筑信息模型，也就是提供了单一的、完整一致的、逻辑的建筑信息库。建筑信息模型技术是三维数字设计、施工、运维等建设工程全生命周期解决方案，为设计师、建筑师、水暖电工程师、开发商及最终用户等各环节人员提供模拟和分析协作平台。

信息模型是完全按照实际数据来建模的，这就保证了模型含有正确的信息，根据这些信息可以统计施工过程中所需的数据。把隐含的建筑信息（设计等方面）显性化，把以2D图纸为基础的设计成果交付手段转变为以3D模型为基础的设计成果交付手段。

BIM除了定义纯数据方面的一些内容外，更加重要的是重新制定了建筑业工作流程、协同工作的数据模型，定义了建筑从业人员在同一数据模型下的协同工作规则，目前一些大的建筑设计公司都开始使用这种方法进行设计工作。

VR技术使用最广泛的是虚拟城市，它能全面地了解城市地貌、市政设施、道路交通。建筑漫游最广泛地应用于房地产行业，并成为房地产开发商销售的一个重要手段，通过虚拟建筑漫游这一手段，购买者可身临其境地感受未来不远的时间里环境发生的变化，而虚拟现实里的环境很多时候是来源于生活但高于生活，容易激发人对未来信息的接收。室内漫游帮助买房者了解室内各个区域的结构和尺寸，帮助购买者去评估。建筑漫游可分成影片式、交互式两种，影片式漫游通过画面、解说、背景音乐沿着规定好的路线和情节来进行展播；交互式漫游是观看者自定义行走路线去观看虚拟空间里的建筑。

随着高科技的发展，建筑表现不再仅仅局限于平面图纸和实体沙盘模型，它开始在二维动画中寻求发展，并慢慢成为主流。建筑虚拟展示通常利用计算机三维建模软件来展示设计师的意图，能更好地表现建筑及建筑相关环境所产生的动画影片，让观众体验到建筑的空间感受。

将虚拟展示技术融入建筑展示设计的方案之中，相比传统的使用渲染回放技术的动画展示，优势非常明显。虚拟展示是严格采用电影制作流程完成的，按照既定的分镜头台本来完成若干个视频片段（镜头），通过剪辑合成为一部动画影片，受众者可以从影片中获得建筑外观、建筑环境及产品设计的信息。近年来，计算机硬件性能呈几何倍数增长。虚拟现实的表现不必再依赖昂贵的大型设备，而在一般的计算机上就可以完成，设计师可以利用这种技术建立构想中的现实场景，也可以用它来分析和预测环境规划设计的实际成果。在未来，它将成为设计师设计检查、成果展示、方案评价的辅助应用系统。

（二）智能虚拟环境与VR

智能虚拟环境作为一种未来的人机界面，可以广泛应用于教育培训、娱乐游戏、媒体信息等领域。它涉及的一些关键技术，如复杂场景实时显示、虚拟人行为动画等已经趋于成熟，人们能身处虚拟现实技术所创建的亦真亦幻的世界里。就现有的虚拟环境（VE）（如建筑漫游、虚拟游览、虚拟手术等）系统而言，大多数都采用静态的二维场景，场景中的物体是静态的、被动的、无生命的。然而，在真实世界的场景中，很多对象是有生命的，也就是说它们是智能的，并且有情感。为了更逼真地模仿真实世界，使得参加的用户具有沉浸感，从而最终达到和谐的人机交互，在虚拟世界中应根据需要加入一个或多个有生命的对象，形成一个智能虚拟环境（IVE）。在 IVE 中，有生命的对象和用户化身（Avatar）都用智能代理实现。在有多个用户的分布式 VE 中，多个 Avatar 之间可以进行交互，Avatar 和其他对象及环境之间也可以进行交互，从而达到一个逼真的、自然的、和谐的虚拟交互环境。

智能虚拟环境的主要研究内容包括智能 Agent 技术、环境中 Avatar 和虚拟生物的建模方法、人体动画技术、智能生命的模拟、复杂动态场景的实时绘制技术、智能交互、知识表示和推理。

但是，目前智能虚拟主体（IVA）的构建却有待完善。虽然基于虚拟现实艺术设计的某些主体已经能够具备栩栩如生的外形，也基于人工智能技术开发了一定的思维功能和行为功能，但在拟人化、个性化交互方面还不够完备。原因是情感在人的决策中发挥了决定性的作用，是人性化人机交互的必备因素，因此如何使智能虚拟主体具有情感交互能力（情感识别、理解和表达的能力），使其既有"脑"，又有"心"，能够与用户进行自然、和谐交互，已成为当前计算机工程领域和认知科学领域的研究热点。情绪建模，即用某种数学模型来描述人类情绪的产生及变化过程，是实现该目标的关键所在。

第五章　虚拟现实技术在动漫游戏中的应用

第一节　动漫游戏与虚拟现实的融合

一、动漫游戏与虚拟现实融合的重要性

作为虚拟现实的起点——动漫产业，也将在动漫游戏与虚拟现实的融合与创新中发生翻天覆地的变化。随着虚拟现实技术的开启，动漫产业无论是从布景、内容、元素上，还是沉浸感、逼真感上，都将为观众带来全新的体验。

随着社会的不断发展和计算机技术的不断拓宽，虚拟现实技术的应用范围也越来越多，从而让人们的生活更加有趣。就当前的年轻人来说，对动漫的热爱愈加强烈，所以我们针对虚拟现实技术在艺术方面或者技术方面中的应用来分析问题，很容易发现它是一个很好的发展前景。随着虚拟现实技术的不断发展，动漫产业也越来越受到虚拟现实技术的影响。这时候人们就想，如果能把动漫产业和虚拟现实技术这两者完美地结合在一块，我想能够为喜欢动漫的人们带来不同的视觉效果，也同样可以推动动漫产业不断发展。

在我国科技的不断进步和社会的不断发展下，国内的动漫产业领域也在不断扩大，并且取得了很好的成绩。但是，根据现实情况的发展来看，动漫产业的规模发展还不够完美，在这方面的领域还是缺少一些优秀的动漫人才，品牌的效应还是不够明显，这些问题在这个领域依然存在。所以，我们要针对动漫产业出现的这两个问题，想出解决的办法。为了动漫产业能够更好地发展和壮大，我们要对它的动业体系进行优化和调整，也要做好完美的转型和升级工作，这时候动漫产业的突破口出现了，也就是虚拟现实技术的出现同时为动漫产业的发展找到了好的突破口，这个虚拟现实技术可以发展出来虚拟环境的计算机仿真系统，我们可以用这个技术，来为动漫产业创造一种良好的模拟条件，进而可以创造出一个集交互式和多元信息于一体的三维动态

视觉效果。这样不仅可以让观看者享受丰富多彩的画面，而且还可以让他们很好地沉浸在美好的视觉里面。针对现在虚拟现实技术的发展状况来看，其涉及的领域有很多，比如医疗、军事、建筑、娱乐等，这些领域的涉及更加突出了这一技术的积极影响。

虚拟现实技术，是一种能够创造与体验虚拟世界的计算机仿真系统，是一种可以利用计算机产生的模拟环境，是多元信息结合在一起的交互式的三维动态视觉景象和让体验者沉浸在环境中的实体行为的系统。仿真技术的一个重要方向是虚拟现实技术，它是仿真技术和计算机图形学人机接口技术等技术领域的集合，是一个极具有挑战性的交叉技术的研究领域。虚拟现实技术具备很多方面，比如，感知、模拟环境、自然技能、传感设备等。模拟环境是通过计算机生成的三维立体图像。感知是说理想的虚拟现实技术所具备一切人所具备的感知。计算机图形技术除了生成的视觉感知外，还包括听觉、力觉、触觉、运动等方面的感知，此外还包括一些多感知，例如，嗅觉和味觉等。自然技能是指人的头部转动或人的一些行为动作，这些参与者的动作都是需要计算机来处理，进而运算出相应的数据，并针对用户的输入作出反应，然后反馈到参与者的五官上面。传感设备是说三维交互设备。

虚拟现实技术也有很多显著的特征，比如多感知性、存在感、交互性、自主性等。虚拟现实技术也是众多技术的结合，呈现出一种虚拟环境。这个技术主要包括实时三维计算机的图形技术、立体声、网络传输、广角等。也是因为虚拟现实技术发展的不断壮大及涉及领域比较多，所以也为很多东西创造了契机。明显突出的是如今比较发达的领域——动漫产业。

那么，针对动漫产业来说，虚拟现实技术意味着什么呢？就像前面说的，动漫产业和虚拟现实技术的完美融合已成为一种趋势，在这个问题的影响下，它结合的传统产业所创造出来的庞大反应已经成为全球很多精英产业人士所看重的焦点。针对动漫产业来讲，虚拟现实技术给它带来的巨大变化就是作品的体验方式。动漫产业可以利用虚拟现实技术，使创作者能够很好地呈现一个比较真实的动漫世界效果，从而让观众们可以很真实地沉浸在动漫的世界里，体味里边给他们带来的感觉，更加可以充分体验多角度和多层次的动画场景。比如有的观众比较关注动漫人物的细微表情，有的观众比较侧重欣赏动漫角色周围的环境，观众不同的关注点将会产生很多复杂的信息。正是因为获取这些复杂的信息，会使虚拟现实技术在传统动画的视听语言不再产生效果，那么，动画制作可以把你带到一个崭新的环境里，让你感受到世界的丰富多彩和真实感。如果动漫电影产业能和虚拟现实技术结合在一起，观众就可以全方位的观看到动漫，还可以沉浸在动漫的故事情节中，让观众体验到动漫的真实感，可以让观众在电影院观看体验不同的感受，这毫无疑问是一个很酷的体验。当然，随着科技的不断进步，未来的虚拟现实动漫发展成什么样子，很多业内人士都不敢断言，但毫无疑问的是虚拟现实技术绝对不是虚无缥缈的一时出现，它必将会引领动漫产业的不断发展壮大。当然,虚拟现实技术还有很多需要改进的地方,也许观众还会想出更多新奇的体验条件。对动漫产业来说,这些都是全新的话题,相信随着虚拟现实技术的不断普及,动漫产业和虚拟现实技术的结合会成为一种完美趋势。

虚拟现实技术和动漫游戏的相互融合主要体现在三个方面:

第一,虚拟现实技术对真实环境的模拟;一个完整的游戏场景是不可缺少的,场景的模型是一个游戏中很重要的元素。在游戏场景中,可以针对每个模型的外形进行模拟体验更加真实的效果。

第二,虚拟现实技术和交互娱乐的结合;交互性是指在游戏的情节或者人物中进行一下选择或者动作从而产生一种特定的反应。

第三,虚拟现实技术在游戏中的更感性的表现。它是说利用计算机产生的一种三维视觉听觉和嗅觉从而构建的感觉世界,从人们的自身视角出发,利用相应的自然技能浏览虚拟世界进而交互,从而产生的多感官的体验。

虚拟现实在建筑开发中的应用,虚拟现实动画还可以模拟在工业中的应用,随着科技的不断进步,很多行业不断变化,以往的传统技术已经满足不了工业的成长速度,先进的科学技能显示了巨大的能量,再加上虚拟现实技术的引入,更加符合发展的需求,也正说明了这种技术是历史发展的必然趋势。虚拟现实技术甚至可以在军事模拟动画中也有应用。

总之,如果我们在动漫产业的发展过程中,能够很好地运用虚拟现实技术,不但可以为动漫产业创造良好的发展机会,还可以有效地推动动漫产业的进步和发展。这一技术的实施也是国家发展先进技术改变产业格局的必由之路。它可以很好地推动我国动漫产业的升级和进步。所以说,在提高动漫产业发展的同时,有效地融合虚拟现实技术更能促进我国动漫产业的升级和巩固,更能提高动漫产业的质量,进而提高我国动漫产业的国际竞争力。

二、动漫与虚拟现实的结合已成为一种趋势

虚拟现实科技应用越来越广泛,其范围已经涉及游戏行业、医疗行业、教育行业、娱乐行业等方面,其火爆程度不言而喻。那么,对动漫领域来说,虚拟现实科技代表着什么含义呢,它有什么意义呢?据相关的行业人士论述,动漫与虚拟现实科技产业的合二为一已成为一种常态,换言之对于动漫与虚拟现实的结合是大势所趋、人心所向,在这个虚拟现实科技横行的时代卜,动漫与虚拟现实的结合传统产业所产生的巨大化学效应与优越性,正以蓬勃的速度受到全球各方产业人士的关注,虚拟现实科技作为焦点,其发展必然会迎来前所未有的成功,因为这是一种趋势、一条必由之路。

对动漫业领域的发展来说,虚拟现实科技带来的转折点似的变化最先体现在作品的体验方式上。利用虚拟现实科技,创作者可以对一个动漫世界进行全方位地补充和

还原，而观众接触到的不再是利用作者的笔触描写后自行想象的世界，而是能够直接利用眼睛看到"真实的"世界，这个"真实的世界"的产生，带来的不仅仅是视觉上的感受，更是观众全身心的感受与精神的体验，这样能够极大地提高观看效果，从不同的角度、方位、层次观看影片、欣赏动画，这是一件多么动人心魄的观看体验啊。例如，不同的观众在观看动画的过程中的侧重点是不同的，比如说部分观众对于画角色的细微表情会投入比较多的关注力，有的观众则对角色周围的环境更加感兴趣，而有的观众则会更加注意动漫人物动作的衔接是否顺畅，有的观众则是着重在以动画的剧情与节奏，然而这些不同的关注点将形成更为复杂的信息流，这些侧重点将会影响作者的创作方向和重点，这就直接凸显出信息流的重要性。但不得不否认的是因为信息在获取规程中的复杂性与不唯一性，导致虚拟现实科技会使传统的动画视听语言不再发挥原本巨大的作用，因为虚拟现实科技动画制作会把你带到一个前所未有的世界，在这个世界里，你能够看到你之前智能想象的东西，虚拟现实科技参与到动画制作的过程后还能够让你感受到这个世界是如此的真实。所以啊，现阶段对于动漫设计与VR虚拟现实技术的结合已成为一种趋势，是我们不得不思考的进步趋势。

当今世界正以惊人的速度发展，事物自出现到不断发展的速度让人瞠目结舌，但是作为游戏业内专业的人士来说要想在这个行业中里屹立不倒且始终拔得头筹，就应该时刻保持清醒，严阵以待。

作为文化支柱产业，动漫与游戏的地位十分重要。作为动漫行业的外行人，你看到的也许只是有很多人在看动漫游戏视频或是漫画、打游戏，抑或是有很多人使用动漫的衍生产品，但是他的火爆程度并不是局限于你所看到的。越来越多的游戏公司开始引进虚拟现实技术，将其与游戏相结合，进而创造出了更新潮的产品与游戏，受到越来越多人的追捧。而此时动漫产业与游戏产业一样，引进了超前的虚拟现实技术，从而获得了巨大的成功，在近两年来看，动漫游戏产业获得了巨大的产值，在巨大利润的基础上，其发展的速度也是前所未有的。

但是，不可否认的是，无论从产值看还是从速度看，虽然基于虚拟现实技术，游戏产业、动漫产业都取得了巨大的发展，但作为新兴产业，动漫游戏产业都是需要呵护又呵护、发展又发展的重点。所以，目前无论是企业还是政府多关注着动漫游戏如何保持高速发展，如何保证这种动漫与虚拟现实的结合趋势持续上升。

在未来10年或20年，在虚拟现实技术的带动下，我国的动漫电影行业的发展绝对不是能够用只言片语来形容的，因为目前人们对虚拟现实技术的理解尚处于初步认识的阶段，用有个比喻来说现阶段的虚拟现实技术就是考古学对早期人类历史分期的第一个时代，即从出现人类到铜器的出现、大约始于距今二三百万年至距今4000～6000年的"石器时代"一样，属于初级阶段就是才刚刚起步，虽然取得了巨大的成就，但是我们还是对这门技术知之甚少。但是值得肯定的是，在未来阶段，动漫产品与观众之间的关系将彻底改变，在相对关系上来说，虚拟现实技术创造的产品与观众之间的信息传递将不再是单纯的"发送一接收"，而是双向的、可循环的信息传递。

值得肯定的是，社会的发展是不会止步的，科技的进步也是日新月异、不断进行的，谁都无法对未来将会发生什么下定论、作保证，同样地，针对虚拟现实技术在未来对动漫会产生什么样的影响，谁都不知道，也不敢轻易断言，但是无论是业内人士还是一些外行人都会同意一个观点，那就是虚拟现实技术一定不会成为明日黄花或是无疾而终，它必将引领动画业未来的发展。作为一种时代的趋势，虚拟现实与动漫游戏的结合，已形成一种全新的发展趋势，因为动漫与虚拟现实的结合，不仅拥有巨大的生命力的，还能够在此基础上迸发新的能量。

三、拟现实技术带来的作品体验方式

动漫艺术将我们带入了一个奇妙的梦幻世界，我们坐在圆形的宇宙飞船上到太空漫游，像美人鱼一样探秘美丽的海底世界，像小鸟一样自由飞翔在蓝天白云间，在虚拟现实技术的帮助下，我们有了这样的切身感受，我们可以向宇航员那样在月球上体会失重的感觉，体验在太空中行走，享受和海底中的鱼儿亲密接触的乐趣……虽然这听起来很不可思议，但借助虚拟现实技术，的确能够帮你实现这个愿望，甚至，我们可以走进动漫的世界，和里面的主人公互动，进行角色扮演，切切实实地体验一下当主角的感受。

20世纪末虚拟现实技术得到了发展，这是一种相对来说比较新颖的技术。它刚开始发展于计算机技术的发展，革新，后来慢慢地向其他方面涉猎，其中涉猎的方面主要包括动漫领域。这个技术可以通过虚拟环境带给人一种身临其境的感觉，可以让人的视觉、听觉触觉得到一种全新的体验方式。虚拟现实技术在动漫领域的运用，使我们的生活更加丰富多彩。

21世纪有很多的重大发现，其中虚拟现实技术被运用于动漫领域就是一种。尤其是它借助于动漫作品给人们的生活增添的风采。不仅如此，虚拟现实技术带来的动漫领域的作品体验方式还逐步出现了许多新型技术。

随着技术的逐步成熟，虚拟现实技术的发展前景越来越好。现如今动漫越来越受绝大多人的喜爱，那么虚拟现实技术应用动漫行业带来了哪些不一样的体验呢？在当前的社会发展中，动漫在人们的生活所占的比例越来越大，但是动漫游戏作品中的虚拟现实技术，还需要进行革新。我们需要让虚拟现实技术与动漫游戏产业结合，以便促其他的发展，尤其在虚拟现实技术的艺术表现形式上。动漫与虚拟现实技术的结合，会提升人们在动漫游戏中的感受力，这对虚拟现实技术更好地服务人们有着重大的意义。

虚拟现实技术最大的特点就是给人身临其境的感觉，这就是虚拟现实技术带来作品的体验方式的好处。在虚拟现实技术与动漫游戏结合的场景中，可以通过动画的主角，尽情地在动漫世界里遨游，还可以通过观察观看者的感觉，满足观看者想象，满

足观众与动漫互动的要求。观察者在虚拟世界里能够尽情地体验动漫游戏的美好。虚拟现实技术的运用，还可以让动漫游戏的作品创作不受限制，使创作者可以根据自身的经验与学识创造更好的作品。这对满足体验者的视觉盛宴，起到了极大的促进作用。

如今，越来越多的人热衷于通过虚拟现实技术来观看的动漫作品，可以从中体验到更加真实的场景。而虚拟现实技术的技术在动漫游戏作品中的运用，也更能展示科技带来的盛宴。虚拟现实技术正一步步地向人们的生活逼近，这一点可从动漫游戏作品中得到充分感受，在众多的动漫游戏中把虚拟现实技术的美妙感觉表达得淋漓尽致。

具体来说，虚拟现实技术会带给动漫游戏作品怎样的体验呢？

当你戴上虚拟现实头显观看动漫游戏时，你会与游戏中的人物零距离接触，当动漫人物出现在你眼前时，可与他互动、谈话等，这些都是你通过虚拟现实技术在动漫游戏中获得的体验。

虚拟现实技术被运用于动漫作品中，大大地提升了动漫作品的体验方式。它能带给人一种全新的视觉、听觉、触觉效果。虚拟现实技术能与动漫作品的真实感，充分地体现出来，可以让观察者身临其境，如同真实地在动漫作品中一般。

当体验者凭借虚拟现实技术"进入"到动漫场景中，能够更好地理解动漫作品，更能提升体验者的体验感受。

虚拟现实技术被运用于动漫作品中，带给人们多方面的感官感受，主要体现在增加了人与动漫作品的距离，能够增强自身心灵的感知力。

随着虚拟现实技术的发展，将对动漫游戏产业的产生优质的体验效果，而这也是虚拟现实技术不断升级、不断发展的努力目标。

四、动漫游戏要以虚拟现实技术为导向

动漫产业分为广义和狭义两种，狭义的动漫产业是动漫作品的设计、制作、发行以及销售方面，构成产业主体的是动画产品、漫画产品等是由动漫创意直接衍生出来的产品，也叫作动漫产业的内容模块。广义的动漫产业在内容模块上还包括动漫版权的二次利用形成的衍生品，其中又服装、玩具等一些产品都不是直接由动漫创意衍生的产品，成为间接动漫产品。

我们今天要说的是我国的动漫游戏产业，近几年动漫游戏产业发展十分迅速，各种网络游戏以及动漫游戏大量涌现，国内的游戏产业发展势头还是很好的。游戏动漫产业是依托一些虚拟现实方面的技术来对媒体的形式、内容等方面进行改进和创新的一个产业，如数字化技术、网络化技术和信息化技术等，它涵盖了许多的技术以及学科，如动画技术、艺术设计学科等，它是技术与艺术的升华和融合。随着网络技术在近几年的快速发展，网络游戏动漫市场也得到了迅速发展，也出现了游戏主播这一职

业。在虚拟空间中，游戏主播这一行业的出现是能够让玩家进入一个与真实世界相类似的虚拟现实世界，会让他们在虚拟世界中找到属于自己的乐趣。起初这个CG动画行业在我国的发展十分迅速，在许多的广告或者动画等电视节目中也能看到一些运用三维动画设计的元素，三维动画技术方面的人才也一度成为炙手可热的。但是最新出来的一种技术能够使动漫游戏更上一层楼。

　　虚拟现实技术又称为灵境技术，使虚拟现实技术的特征为基本创造出的计算机高级人机界面。虚拟现实技术的沉浸性、交互性和想象性特征会将人们带入虚拟世界，也会产生在现实世界中相似的体验，并且能够在一些特定的情境下突破局限，使用户体验到的都是与现实中别无二致的感觉。虚拟现实技术包括很多的包括计算机图像显示技术、计算机仿真技术等在内的计算机应用上的技术，游戏中的一些能让使用者感受到嗅觉、听觉、视觉等效果就是通过这些技术实现的。这样可以让使用者既能够得到在真实世界中的体验，又能够避免受到伤害，并且能够让使用者置身在虚拟的世界中但是能够自由的与虚拟世界中的环境进行互动，从而达到游戏的效果。总之，虚拟现实技术能够让使用者感知到听觉、触觉、视觉等，虚拟的人物形象也很逼真，会有头部的转动、眼睛、手势等人体动作，能够根据用户的输入及时的作出反应并且清楚地反馈到用户的五官，周围的环境也是通过计算机控制程序生成的，能够产生三维立体的具有实时互动功能的效果，让使用者有一种真实的感觉。

　　而三维动画技术就是通过计算机让设计师想要设计的对象在虚拟现实世界中按照尺寸建立出模型及场景，再根据用户的需求来设定出模型的特定轨道，最后把材质设定到模型上并赋予灯光的点缀，完成后计算机会自动生成画面。简单说就是依靠计算机事先就设计好的路径上能看到的静止的照片连续播放形成的画面，没有什么交互性，也不是随着用户的心情就能够想看什么地方就可以看什么地方的要求，只能按照计算机设定好的路线去看，所以它能提供的信息不一定是用户需要的，用户只能被动地接受，而不是主动地设置。这一点虚拟现实技术就做得比较好，它能够让用户根据自己的需要为用户提供整个游戏空间的信息，用户可以依照自己的路线行走，能够想到哪里就到哪里。

　　因此，虚拟现实技术比三维动画技术更加适合运用到动漫游戏中，动漫游戏以虚拟现实技术为导向才能更好地发展，更好地被大众所喜爱。

　　虚拟现实技术在3D游戏上的应用就是一种接近虚拟现实的现实，要把玩家的感官体验作为第一位考虑的因素，这样才能获得更多的用户。游戏从最开始的简单的单机游戏，到后来一步一步发展成为大型的网路动漫游戏，追求的就是能给用户带来更真实的感觉，让用户在游戏中有更好的交互性，能够让游戏中的虚拟世界更加贴合客观世界，让游戏体验更加有真实感。现在的动漫3D游戏是通过三维空间的原理，将现实中的世界根据长、宽、高的比例还原，就构成了现在游戏中的虚拟世界。场景是游戏的基础，一切的游戏活动都是在游戏的场景中发生的，所以场景在游戏中起着至关重要的作用。并且场景的真实性、立体性是十分重要的，场景的真实性就主要依靠于虚拟现实技术，目前的虚拟现实技术在游戏上的应用主要体现在冒险类、动作类、赛车类和扮演类等动漫游戏。

相比传统游戏中只为满足用户精神上的要求，虚拟现实技术会将重心放在游戏世界本身的设定，反而会忽略玩家本身的游戏体验，将玩家和显示器分隔开来，玩家只是能够自由地设定自己想要的角色并进行体验，把游戏只停留在键盘和鼠标的操作上，并不能真正达到具有真实感的游戏体验。随着网络技术的发展，网络游戏也发展迅猛，人们发现了具有实际体验的虚拟现实的动漫游戏，从此虚拟现实类的游戏就占据了较多的市场，这种游戏因为跟传统的游戏不同，具有更高的游戏体验，给用户更多感官上的真实性的体验，动漫游戏以虚拟现实技术为导向才能达到这些效果。因为虚拟现实技术在动漫游戏中的应用可以让虚拟现实技术的三个基本特性及其应用方面表现到极致，能够给用户带来具有真实感的游戏体验，用户在这个虚拟空间是完全不受限制的，可以自由的进出游戏空间，这也是虚拟现实技术能够达到而传统的游戏达不到的一点，是虚拟现实技术给游戏到来的独特的游戏体验。

除此之外，虚拟现实技术还具有很大的发展前景，虽然现在虚拟现实技术能够完全操作一些简单的3D游戏，但是在大型的游戏中还是不能让玩家获得足够好的游戏体验，还有很大的发展空间。虚拟现实技术是一个最近发展起来的一门比较新颖的技术并受到广泛关注，据统计仅仅在2015年就有200多家风投公司将资金投入到虚拟现实行业中。而且游戏行业最近几年也是发展得如火如荼，所以游戏中将虚拟现实技术作为导向是非常明智的选择，在之后的发展中，虚拟现实技术将产生巨大的商业价值。尽管虚拟现实技术看上去是很炙手可热的，但由于动漫游戏行业在国内发展的时间不是很长，并且国内的虚拟现实技术水平与国际技术仍然具有一定的差距，所以虚拟现实技术在游戏中的应用还需要进一步提高，将虚拟现实技术作为动漫游戏的导向能够获得更大的发展空间。

由于在动漫产业之前，我国的很多企业一个发展阶段内都采用的是将产业链的所有程序都自己来做的理念，并且也是自己负责自己的生产营销模式，就导致跟不上现在的动漫产业的发展。现如今的动漫产业在经过不断适应市场的喜好之下，慢慢由之前的把量的多少作为取胜的关键变成了对质量的不断追求，而且也在发展的进程中逐渐探索出了合适的生产进度及生产规模，找到了动漫产业最能打开市场的发展方式。

动漫产业以虚拟现实技术为导向，在动漫游戏的实际发展进程中具有较大的意义，这样的发展方式能够更快地打开市场，更好地完成企业的转型，变成专业度更强的、能够全面发展的科技型动漫企业，也更加顺应社会的发展趋势。这也是企业转型与升级的最佳方式，也只有通过这种方式，动漫企业才能将之前的那种发展方式转变成更加适合现在社会对动漫产业要求的模式，从而带动整个动漫产业找到最佳的增值方式，这是动漫产业实现转型升级的关键性一步。

总而言之，虚拟现实技术在动漫游戏乃至整个动漫产业中都发挥着至关重要的作用，能够大大提高动漫产业的转型速度，让动漫产业以最快的速度适应社会的要求。所以在动漫游戏和其他动漫作品中融入虚拟现实技术能够制作出更高质量的作品，从而推动动漫产业发展的更加科学和专业。

五、虚拟动画环境更能促进动画内容的表演

通过运用虚拟现实技术，用动画的形式表达出来的称为虚拟现实动画。利用电脑模拟出来一个三维空间的虚拟世界，提供人类关于视、听、触觉等感官的过程称为虚拟现实。使人类感觉身临其境一般，可以没有限制，随时观察三维空间内的事物。

对于动漫而言，在一些情况下，对于动漫内容，我们没有办法用实物来向大家展示，而传统的模型又没有办法达到真实的效果，但我们可以用虚拟的立体形象将动画的内容多角度全方位地展示给观众，同时也会给观众们不一样的视觉冲击效果。动画的内容以立体的动物、植物、人物等展示出来，让这些内容伴随着适当的变化动作，通过解说或其他方式完美展示出来。虚拟动画环境能更好地表现出动画内容，使其更加真实，让人们更喜欢、更容易接受。将动漫电影和虚拟现实技术结合起来，观众则可以参与故事情节，还可以身处动漫中。使观众感到更加的真实，与我们坐在电影院看动漫影片的感受会完全不同，丰富真实性的感觉与3D的显示环境会使得观众有身临其境的感觉，虚拟现实这项技术将成为一种理想的工具。我们会将单面的物体或单独的物品以立体的形式表现出来，如照片，既是平面的，又是单面的物品，我们可以将照片中的风景或者人物做成立体的表现出来；世界地图也是平面的，我们可以直接用地球仪的形式来展示。虚拟动画环境我们可以使自身走入这个环境，感受这个环境，体验这个虚拟环境带给我们不一样的感觉。

对动漫业而言，虚拟现实技术给我们带来的变化不仅使动画的内容更加真实，而且使动漫中的人物性格特征更加充实饱满。我们可以利用虚拟现实技术创作出一个全方位全角度的动漫世界，而人类则可以真实地走进这个多角度，全方位的虚拟世界，欣赏该动画。对于虚拟环境中，动画角色的细微表情和动作或者对角色周围都可能对于观众来说感兴趣，这些不同的兴趣和关注点将形成复杂的信息流。利用这些复杂的信息流用动画制作的方式把你带到一个不同的世界，让你感受到这个虚拟世界是如此真实。虚拟动画的环境使动画内容更加真实，无论是从触觉还是视觉都感觉是一种冲击，使我们感受到虚拟的真实性，而且使动漫中的故事情节更加具有戏剧性，让人感受其中。动漫的虚拟动画环境会使动漫的发展更加丰富多彩。

虚拟人动画会使动漫能够逼真地模拟真实人体的动作，实用性强。在未来，动漫产品与观众将不再是简单的"发送——接收"式的传统方式，让观众参与虚拟现实动画的表演，并沉浸其中。通过互动的方式，形成一个虚拟现实与真实世界之间结合的体验内容。而动画促进了动漫内容的发展，让观众融入动漫中的动画内容，更加具有

真实性。当人们用虚拟现实眼镜看动漫时，就会感到进入了一个虚拟的世界，你会与虚拟世界的人物进行互动、对话。利用虚拟现实眼镜看动漫中的画面会使你置身其中，让你更加真实的体验到虚拟世界的动画内容，感受虚拟环境带给你身体上、心理上的感受。让你置身其中，虚拟环境使你感受到动画内容的真实，让你感觉画面的内容就在你的眼前，使你在心理上感觉它就发生在你的身边，你的眼前，或许你也会变成其中的一员，在这个虚拟的环境中产生情感，产生变化。

用计算机生成真实感较强的三维视觉、听觉、嗅觉等感官的虚拟环境，将人类变成了虚拟环境的参与者，更自然地体验虚拟环境，有利于使虚拟世界的动画内容更加具有真实性。动画虚拟环境除了设计角色造型之外，还要根据时间和环境的改变来变换造型，这展现出虚拟环境的艺术水准，展现出虚拟环境的美术风格。动画环境作为虚拟现实创意的重要载体，决定了叙事风格、造型风格、空间的表达和意见等，环境中的内容都充满了整个镜头画面，镜头画面中可以没有角色，虽然角色是影片的主体，但是环境的存在却远远大于角色，那是由于角色是变幻无穷的，而角色的线条是需要高度概括的，而环境则可以无限的细腻具体，我们可以从几个重要方面展示出时空关系，例如物质、时间、社会、环境空间等，以此塑造空间关系，动画环境设计等。物质空间可以满足人类的需求，它可以以动画片的剧情内容为依据，将剧情发生的特性、原因等体现，社会空间可以通过环境、道具、服饰等表现虚拟的环境。环境空间是由自然环境、人造环境组成生存空间和环境画面，充分体现故事发生的原因、时间、地点、人物关系等特征。虚拟动画还可以运用比拟、象征的手法深化主题的内在含义。虚拟现实的动画能反映出虚拟现实中人的性格爱好、生活方式、个人习惯、职业特征等，使角色更有可信度，使虚拟现实更具有真实性。虚拟环境使我们用平视的角度，不变的视距，就可以体验到全方位的内容，充分展现出强烈的艺术感染力，虚拟现实环境使虚拟的世界更加具有真实性，使虚拟现实的内容更加贴切，使内容的表演更流畅、更自然。

优秀的场景设计更能表现出虚拟人物的心理状态和内心世界。可以通过色彩、光影、距离及镜头角度等将人物的内心想法和情感以虚实结合的方式更加真实地表示出来，让人能够感同身受虚拟世界人复杂的心理状况。我们在看动漫时可能会有这样一个体会，大多是按照故事情节的开端、发展、高潮、结局的顺序从头到尾依次道来，似乎这样很容易被观众接受。而有一些会用倒叙、插叙的方式来进一步增加视觉的效果。还有一些会运用其他方式，比如用一句话或一个简单的动作去表现一件事的结尾，在视觉和听觉上释放了我们的情绪。在虚拟的空间中划出范围，建立出一个可利用的空间，为塑造角色和剧情的发展提供舞台。使动漫更具特色，形成内容与形式、题材与风格的完美统一。虚拟现实环境使动漫中的人物更加形象具体，可以让人类感受到它们的存在，感受到它们的情感，更加真实地看到它们的动作、相貌等，虚拟现实环境对于动漫中的内容表演更加贴近真实，使内容的表达更加清晰。优秀的虚拟环境使动画内容更具有真实性，对于环境更接近现实，让人类融入其中，成为内容中的一部分。动漫中动画内容随着虚拟环境的变化而改变，人物特征、剧情发展等都可以随着环境而变化，例如在沙漠的虚拟环境中，动画内容可以转换为虚拟人物寻找绿洲，寻找希望，让人感受其中，又或者在海洋世界的虚拟环境中，动画内容转换为各种海底生物，虚拟人物探寻海底奥秘，寻求自然的规律法则等，在广袤的大草原的虚拟环境中，虚拟人物可以自由奔跑，感受自然的辽阔与天地一线的美景，这种种的体现在一步一步地促进动画内容的表演，使表演更完美、更鲜活，更打动人，而这些都可以真实的体现出动画内容。

随着虚拟现实环境的发展，可以在动漫业上体现出更多的虚拟场景，从而表现出各种各样的动漫内容，将虚拟现实技术与动漫相融合将成为未来的发展趋势，可以让人类更加真实地接触到动漫。

第二节　依托虚拟现实开发动漫产品

一、虚拟现实技术与动漫产品开发

虚拟现实技术是一综合的技术，联系到计算机的各个领域，其用计算机生成人的感觉，我们可以成为用户来了解并体验这个虚拟的世界。虚拟现实，看到的场景和人物设定全部都是不真实的，是把人的意识拉入一个模拟的世界。用户改变位置时，电脑可以马上进行复杂的计算，将准确的3D影像传回产生真实感。虚拟现实技术包括了计算机的几何技术、传感技术、计算机仿真技术、显示技术等最新研究成果，可以让人身临其境，感受真实性的模拟系统。总体来说，虚拟现实技术是我们利用计算机对数据进行透明性的操作的一种崭新形式，较以前的人和机器界面和窗口操作比较，虚拟现实技术有了很大的提高。

虚拟现实技术，是一种很多事物相融合动态和行为的系统效仿。"虚拟现实技术"被提出来，目的是创造一种新的系统，使用户可以置身三维空间体系，然后可以通过看、摸、听，从而有一种身临其境的感觉。

虚拟现实是一项刚刚兴起的技术，集中表现了如今的科学技术，还能与其他学科高效融合。虚拟现实技术与动漫技术的融合，产生了一类崭新的艺术语言方式，这种科学工具与艺术思维紧密结合形成了一种仿真系统，极大地增强了动漫制作的水平。动漫特效凭借独特的表现增强了虚拟现实的真实性和完善性，造就了全新的审美感觉，促进了动漫产业的协调与发展。

虚拟现实中的"现实"两字意为在世界上真实存在的东西或事物，也可能是在现实生活中无法实现的。"虚拟"二字意为电脑合成。所以，虚拟现实意为电脑合成的一种特别的体系，人可以用很多特定的配置将自己"投影"到这个环境中，为实现自己的目标，可以改变其环境。

虚拟现实是一项新技术，是动漫创作各方面的主要因素。虚拟现实技术是经过视觉效仿，联系各方位拍摄，和后期动画结合而成，解决了以往画面木讷和用户没有办法全角度看问题。在现场拍摄和后期计算机效仿中加入环绕立体声，滤透掉各种杂音，给用户带来一种全新的体验。

公司既要提升动漫产品的技术，也要让产业链一直发展下去。所以应该对行业的长期发展重视起来，提升自己的优势，并且培养有天赋的人才，核心是技术高且素质高的人力资源。要想解决虚拟现实人才资源不足的问题，就要做好相应的工作，发展好相应的业务。

虚拟技术在当今生活中也不是很难见到，有的大型商场里会有虚拟技术的体验机器，人们佩戴好机器就可以看到模拟的场景，让自己身临其中，看到的僵尸等会觉得就真的在你的眼前，仿佛在真实的世界里，有的还会倒在地上都浑然不知，可以说是很有趣了。游乐场里，还有3D、5D的电影观看。还有模拟的过山车场景，丛林冒险等场景，让你一次玩个够。

动漫制作可以分为二维动漫、三维动漫技术，最受欢迎并且得到运用的就是三维动漫了，包括我们见到的动漫制作影片、电视里的广告、建筑学用到的动画等都是需要使用三维动漫技术。动漫制作是一个需要紧密配合的工作。所以，要想成为一部好的作品，需要有优秀的剧本和导演，除此之外，具有独特吸引力的人物造型是使作品更加引人注意的重要条件。

虚拟现实技术很早就被提出，也生产了很多令人喜爱的动漫电影。在虚拟现实技术火爆之前，很多的人才资源涌入这个行业中。但是也因为这个行业刚刚起步，人才对虚拟技术的想象力不足，并没有很好地带动其发展。

虚拟现实技术的创造和摸索可能会给动漫影视带来全新的发展，现在来看，虚拟技术的发展很迅速，也许目前这项技术还不是很成熟，但是在二次元的世界里虚拟现实已经被很多人应用。在这次动漫展上，玩家可以不用在什么季节都要化妆，还有要穿可能比自己还要重的衣服。这次可以让玩家很快进入虚拟世界。

在动漫产业的发展过程中，角色扮演一定会出现的，技术也会越来越好，然后运用众多相关软件开始制作，这样就会增大成本和时间。所以，要想开发新技术，使动漫效果提升，最好采用虚拟现实技术，可以提高效率。

相对于发达国家来，我们的虚拟现实技术不是很乐观，在虚拟现实技术方面落后于其他国家，也许是因为我们的科学技术发展程度。随着这几年我们的科学和经济持续发展，在很大程度上提高了我国虚拟现实技术的发展，并且还广泛运用在动漫等方面。

近年来网络技术的发展，为动漫制作创造了良好的基础。所以，虚拟现实技术与动漫制作技术都有了很大的进步。然而，要想研究动漫技术与虚拟现实技术，就要把动漫制作和虚拟现实的设备结合起来，为较好地进行动漫虚拟设备的开发和使用，为能够使动漫制作技术更快的发展提供虚拟的环境。

为提升动漫的真实性，在动漫制作的过程中，要以提升效率、减少时间和成本为目标。这些年来，运动捕捉系统可以明显的提高动漫的效果，有了很大的进步。

动漫制作与虚拟现实互融合，可以推动动漫产业的良好发展。满足社会的需要。因为社会的迅速发展，人们对动漫制作的要求当然会越来越高，动漫制作与虚拟现实互融合可以提升效率，所以更好地适应社会发展的要求。虚拟现实技术与动漫相结合带来的是一种崭新的体验，那就是你可以和动画情节产生互动。你该是观看者，但是你对动漫场景中不同事物的观看度可能会改变角色关系和不同事情的产生。

随着我们经济和科学的发展，我国动漫制作的环境有了很大程度的提高，因为有了虚拟现实技术的加入，所以使我们的动漫产业得到了非常迅猛的发展。动漫制作与虚拟现实技术相融合获得了社会的关注，打造了基础。在科学技术的支持下，动漫制作产业会有更好的发展。

二、虚拟现实应注重动漫游戏的资源整合

众所周知，我国的动画产业拥有悠久的发展历史，动画产业中又包含着动漫，所以动漫作品也是各种各样的。但是随着信息时代的到来，人们研究出了虚拟现实技术，促进了动漫往真实、三维的方向发展。

在当今，虚拟现实技术的流行给动漫的发展带来了很大的促进作用，它的出现引领了动漫世界的真实性，和以前的传统动漫相比更加吸引观众，更加适应了人们日益增长的生活需求。而且，现在虚拟现实技术的应用也越来越广泛，社会各界都在关注该技术的发展，可见该技术的研发是多么的顺应时代的发展。那么我们这一节要讲的主题内容就是虚拟

现实技术应该注重动漫游戏的资源整合。虚拟现实技术的研发不仅带动了动漫产业的发展，同时也带动了动漫游戏的发展。我们要知道动漫游戏属于动漫产业的衍生产品，它会给动漫产业带来收益。动画产业的盈利当然也包括动漫的盈利，但是它们如果只靠播放量是没有办法支撑下去的，当然也要依靠由此而衍生的产品来增加收益，只有这样才能让动画产业在具有经济基础的情况下更好地发展，从而促进动漫和动漫游戏的顺利发展。

（一）虚拟现实技术对动漫游戏的影响

说到虚拟现实技术，首先让人忘不掉的就是其威力，确实，它的出现改变了太多的东西，改变了以往传统动漫游戏的夸张的表现形式，改变了人们以前对动漫游戏的认知，改变了人们的生活环境，给人们带来了不一样的感觉、不一样的享受。这次我们就来说说虚拟现实技术对动漫游戏造成的深远影响。

1. 虚拟现实技术对动漫游戏创作者的影响

虚拟现实技术对动漫游戏创作者的影响，我们都知道动漫游戏是经过动漫游戏创作者的灵感而出现在人们的视野中的，所以动漫游戏创作者是动漫游戏的灵魂，一个动漫游戏是否足够吸引观众，就要看动漫游戏创作者的想象力是不是足够丰富，是不是满足观众的需求。在动漫游戏创作者创作动漫游戏的过程非常考验一个人的想象力，虚拟现实技术的出现就给动漫游戏创作者带来了便利，为什么这么说呢？

第一，虚拟现实技术的出现促进了动漫游戏创作者的感觉和感知，为他们的想象力开拓了一个全新的领域。而且在这个现实中，不存在的虚拟世界里，作者的感觉和感知都被带到了里面，在这个虚拟世界里，动漫游戏创作者可以清楚地注意到动漫游戏里的每一个细节，可以感受到非现实生活中存在的东西，而且可以搞清楚他们的特征，然后再通过自己的想象力将他们的特征表现出来，就这样，一部动漫游戏就被创造出来了，一个动漫游戏和虚拟现实技术的结合，还可以实现观众与动漫游戏人物的互动，让人们感觉身临其境。这些种种都会促进动漫游戏创作者的想象力。

第二，虚拟现实技术可以加深动漫游戏创作者对美的理解，动漫游戏创作者对美的理解对于一个动漫游戏的创作有很直接的关系。我们要知道不同的动漫游戏创作者对动漫游戏人物美的理解是大不相同的，每个人都会有自己的想法，只有当一个动漫游戏创作者真正领悟到美的含义，才会创作出一个吸引人的动漫游戏。虚拟现实技术在满足动漫游戏创作者的知识储备的同时，也可以加强他们对美的认识与理解，这样更能促进动漫游戏的质量。

第三，加强了动漫游戏创作者的艺术韵味。要知道动漫其实也是艺术的一种表达方式，严格说动漫更是技术与艺术的结合。动漫游戏自然也属于艺术的一种。所以虚拟现实技术的出现，促进了动漫游戏创作者的艺术韵味，这一点毋庸置疑。

2.虚拟现实技术对动漫游戏爱好者的影响

虚拟现实技术对动漫游戏爱好者的影响是十分明显的，它改变了动漫游戏爱好者对以往动漫游戏的认识，打开了动漫游戏的一个新的大门，而动漫游戏爱好者就非常享受这个成果。那么到底是什么样的影响呢？毫无疑问，虚拟现实技术的研发，顺应了时代发展的需求，这是宏观方面。那么就动漫游戏爱好者的角度出发，很简单的就是它满足了他们的情感需求。以往的动漫游戏里面的人物都是通过平面的方式表现出来的，且表现形式多以夸张的形态出现，然而虚拟现实技术与动漫游戏结合以后，动漫游戏改变了以前的样子，它开始变得真实，变得让人如同身处其中，这是何等的乐趣啊。所以虚拟现实技术的出现势必带动了动漫界的一股热潮，不管是动漫游戏创作者还是动漫游戏爱好者都一样。

（二）虚拟现实技术对动漫游戏资源整合的重视

对于动漫游戏而言，动漫游戏的资源就是在向社会提供作品或者服务的过程中所拥有的或者所支配的能够实现动漫游戏正常运作或者发展的各种要素组合在一起。简单一点来说就是人力、财力、物力的组合，这些就是动漫游戏发展过程中必不可少的有形资源。为什么虚拟现实技术要加强动漫游戏资源的整合呢？

1.动漫游戏资源整合的内容

其实动漫游戏资源包括很多我们能想到的，也有许多我们想不到的。动漫游戏资源的第一资源就是动漫创作者与动漫游戏爱好者，即灵魂者与消费者。动漫游戏创作者和爱好者是动漫游戏发展的重中之重。没有这些人，动漫游戏就不可能发展，正是这些人对动漫游戏的热爱，促进了动漫游戏发展的脚步。第二资源就是行业之间的合作整合。任何行业都会有行业之间的竞争与合作，动漫游戏行业也是如此，在动漫游戏的资源中行业之间的关系对动漫游戏的发展也起到了决定性的作用。在这一方面包括了行业合作伙伴的整合，也包括了管理机构的合作整合，还有与风险投资机构的整合，在这里有好多需要注意的东西等着人们去探索，要想将虚拟现实技术与动漫游戏完美地结合，人们就需要锻炼自己的能力，增强自己的力量，在这条道路上不断探索、不断前进。

2.动漫游戏资源整合的紧迫性

自从动漫产业的发展进入我国的重视工作中时，动漫游戏的发展也顺势快速地发展起来。这一局势的出现使动漫游戏公司如同雨后春笋般大量涌现，这就造成了动漫游戏产业激烈竞争，也就是产业的重复性太高，一个城市基本都是干这个的，就失去了这个产业原有的亮点，不仅如此，产业的重复性过高导致国家资源的浪费。试想，当一个产业的重复性达到饱满时，这个产业的发展就会大不如从前，慢慢地，就会濒临倒闭，这样就造成了国家资源的浪费。我们想一想如果这段时间内去发展别的行业，是不是可以更好地促进城市的发展。所以就此看来，虚拟现实技术注重动漫游戏的资源整合是非常有必要的，也符合时代发展的社会需求。

综上所述，虚拟现实技术的出现确实促进了动漫游戏的发展，给动漫游戏带来了不一样的体验，但是在虚拟现实技术与动漫游戏结合的过程中，要十分注重动漫资源的整合，我们要知道任何一个行业的发展与其资源的整合是分不开的。在动漫游戏发展中，如果只是一味关注动漫游戏的某一个资源，就会造成动漫游戏发展不平衡。所以虚拟现实技术注重动漫游戏资源的整合是形势所需，也是发展必要。在发展任何一项事物的时候，我们要懂得去探索事物发展所要具备的条件，只有这样才能让事物发展得更加顺利，才能达到我们心里想要的效果，才能达到世人心里想要的效果，所以遇见问题就去探索，就一定可以找到答案。

三、以虚拟现实项目推动动漫游戏的发展

在这个虚拟现实科技横行的时代下，动漫游戏与虚拟现实的结合所产生的巨大化学效应与优越性已经日渐凸显，截至目前，其正以蓬勃的速度受到全球各方产业人士的关注。虚拟现实科技作为焦点，发展必然会迎来前所未有的成功。众所周知，虚拟现实技术隶属于计算机范畴，作为一个新兴的技术产业，是一个由技术与科技的结合

体，代表着最前卫的技术流以及最超前的综合体。动漫游戏与虚拟现实的结合是采用以计算机技术为核心的现代高科技手段，在特定范围内生成逼真的视、听、触觉等一体化的虚拟环境，用户借助必要的仪器依靠自然的手段和"虚拟世界"中的物体实行交互和两者的相互作用，进而创造出体验者参与到真实环境的身心感受。这种结合体一个最主要的优点就是能够与其他学科很好地融合。

虚拟现实与动漫游戏艺术的相辅相成，创造产生了一种新型的艺术语言形式与产业模式，对动漫业领域的发展来说，虚拟现实科技带来的转折点似的变化最先体现在作品的体验方式上。利用虚拟现实科技，创作者可以全方位地将一个动漫世界补充和还原，而观众接触到的不再是利用作者的笔触描写后自行想象的世界，而是能够直接利用眼睛看到"真实的世界"，这个"真实的世界"的产生，带来的不仅仅是视觉上的感受，更是观众全身心的感受与精神的体验，这样能够极大地提高观看效果，从不同角度、不同方位、不同层次观看影片、欣赏动画，这是一件多么动人心魄的观看体验啊。这一切都源自这种科技工具与艺术思维密切交融所创造出的虚拟仿真系统，这个系统的构建并不是简单的，在组成和结构上都聚集了最前沿的科技，因此，它能够大大提升动漫游戏的制作的科技水平与技艺。

在虚拟现实技术的带动下，我国的动漫电影行业的发展绝对不是够用只言片语能够形容的，因为目前人们对虚拟现实技术的理解尚处于初步认识的阶段，即便是这样，动漫动画艺术还是能够巧妙地借助独特的表现语言增强虚拟现实的仿真性和艺术性，创造全新的审美体验，促进动漫产业的再生与发展。这样就在几大意义上讲动漫产品与观众之间的关系将彻底改变，在相对关系上来说，虚拟现实技术创造的产品与观众之间的信息传递将不再是单纯的"发送——接收"，而是双向的、可循环的信息传递。发展是不会止步的，科技的进步也是日新月异的，而当前的虚拟现实技术发展的速度也不能同日而语，在不断地发展和进步成长，虚拟现实项目与动漫动画已经变成一件贴近人们生活的产物，逐步进入了普通人的日常生活，让这种体验不再是渴望而不可即的。走进电影院，你面对的将不再是传统用语言叙述的故事情节，而是近似于科幻电影的虚拟现实体验，这样的视觉体验吸引了越来越多的观众，让越来越多的人感受到科技进步带来的享受感与愉悦感。游戏和动画两个产业借由虚拟现实互动体验兴起的东风将自身的潜能进一步激发，形成了全新的表现风格，并对产业的发展产生了深远的影响。

不得不说的是，在动漫动画产业发展过程中，如果能很好地借助于虚拟现实技术来打造出虚拟现实项目，就能够更好地吸引市场投资，从而更好地提高我国动漫游戏市场活力，进一步促进我国动漫游戏产业的发展与进步，而且还能在一定程度上减轻政府在财政方面的负担。我国对于动漫游戏产业的发展投入了较大的精力，还在沈阳和大连建设了国家级的动漫产业基地，并且随着社会的不断发展，我国动漫产业链也在不断完善，形成了一定的产业规模。与此同时，当前的任务就是快马加鞭拓展我国动漫产业发展市场，虚拟现实技术作为当前新兴的科学技术，要是可以合理恰当地将这个技术融入动漫产业，就能吸引更多的产业加盟者，我国动漫产业的发展也有着更为积极的促进作用，同时还能有效地提高我国动漫市场活力，使我国的虚拟现实技术与动漫游戏产业协调发展，使我国游戏产业得到更好的发展。

我国的动漫产业的发展与进步已经进入到了一个饱和阶段，而接下来的任务就是转型，此时，把动漫产业与虚拟现实技术合理恰当地结合，其优越性不言而喻，也符合相关部门所倡导的"利用互动、虚拟现实等新技术"的标准。

为以虚拟现实项目推动动漫游戏的发展，应采取以下措施。

第一，关注品质紧、抓质量精品、坚持原创、扶持原创。随着竞争的加剧，产品的质量是企业的生命源泉。随着我国经济实力的增强与社会生活的进步，越来越多人开始注重质量问题，众所周知，质量是决定产品的唯一标准，好的质量决定企业的口碑，可以说，重视产品质量的公司一定是能够取得成功的公司。动漫动画产业要想取得成功，行业的竞争压力中脱颖而出，重视产品质量则是第一要务，要关注品质、抓质量精品，与此同时，要着力扶持原创扶持精品，鼓励优秀原创内容的生产创作，利用国家动漫精品工程、动漫品牌建设和保护计划、动漫扶持计划、民族原创动漫形象奖励扶持等政策和项目，大力支持优秀内容的生产创作。

第二，虚拟现实项目推动动漫游戏的发展要求领导干部鼓励和带动员工，一定要积极地发挥和强化领导力。对于重视动漫游戏产品质量企事业单位的领导干部要起到表率作用，其自身要在践行和重视动漫游戏产品质量的同时也要鼓励和领导员工自觉遵守动漫游戏质量问题，在发挥和强化领导力的时候给予员工一些心灵上的慰藉和提供精神动力，让员工产生对动漫游戏工作单位的归属感和责任感，这样能够有利于以虚拟现实项目推动动漫游戏的发展。

第三节　虚拟现实技术下动漫游戏的应用创新

一、虚拟现实下的动漫游戏

虚拟现实游戏是一种很容易被大众理解的应用。不管是投资者还是消费者，都期待着有更好虚拟现实游戏诞生，挑战着他们的感官极限。大部分消费者认为，虚拟现实游戏可以帮助每一位玩家进入一种好莱坞的世界，就像是电影中的主人公一样经历那些比较惊险的场景，让大众的视觉得到极大的满足和精神上的刺激。

对虚拟现实游戏来说，不仅仅要看得爽，还要玩得爽。什么是玩游戏呢？也就是通过一些可以进行操纵的设备进行游戏内容。在 PC 端，用户通过鼠标和键盘来玩游戏；在手机上面，玩家就需要通过手指来触摸屏幕来进行玩游戏；在游戏机上，玩家就是通过使用手柄来玩游戏。那么问题来了，在虚拟现实系统中，玩家是怎样来玩游戏的呢？

现如今的虚拟现实技术正在向真假难分的视觉体验方向上进行努力，依据现在的技术发展来说，这个目标在数年内是可以实现的。但是，虚拟现实技术还在一个比较原始的状态下，其实像显示技术那样形成比较真实的体验，还是存在一定困难的。就像前面所说的，虚拟现实系统中的信息输入技术还是面临比较大的考验，玩家在戴上虚拟现实的眼镜之后，会像本能的反应一样，伸出双手迈开双腿来感受虚拟现实的世界。然而精确到肢体动作的信息输入方式。目前只是应用于电影特技等一些比较专业的领域。在大众消费的市场领域中，我们看到的只有键盘、鼠标等一些比较基础的信息输入设备。

如果一家虚拟现实的游戏公司对你说："为你准备了一款真实的虚拟现实跑步的游戏，但是需要坐在椅子上拿着手柄来玩。"这样的话，买家是很难被打动的，很难拿出钱包买单，虚拟现实系统的信息输入方式一定要非常接近真实，也一定要经过用户的严格考验，但是现如今的信息输入技术还是处在一个理论的层面上，很难在短时间内讨论出最佳的方案。即使这个技术可以在近些年出现，但是距离真正的成熟还很遥远。已经有半个多世纪的游戏手柄微软公司在配置游戏手柄时花费的费用超过1亿美元，这样的大资金投入才能给用户提供比较舒适的手感和比较一流的操作性能体验。在虚拟现实系统中的信息输入技术不仅仅是要在用户体验上接受比较严格的考验，还要保证价格比较低、质量还要具有可靠性等所有大众消费品都需要面对的问题。因此，在短时间内还是没有完全成熟的虚拟现实信息输入解决的方案。

如果虚拟现实技术在许多短期内很难解决这些缺陷，那么是否就认为虚拟现实游戏在近些年来并不具备商业领域的价值呢？在电子游戏的领域中，这样的事情并不能作出太过绝对的决定。诞生在20世纪80年代的《超级玛丽》这款电子游戏，一度风靡全世界，影响着一大批的"80后""90后"，给他们的童年带来了无尽的乐趣。这款游戏在如今看来，其实在各角度上都显得非常的原始，没有什么解析度的马赛克画面，还有那些极其简陋的音乐效果，并且单调的游戏操作方式都是一些如今可以直接被判为死刑的缺点。就是这样一款没有任何技巧的游戏，存在一些不可思议——为任天堂公司带来极其大的商业成功和声誉，这款游戏成了游戏销售历史上的一个神话。

说到这款游戏的成功主要还是因为设计师在技术存在局限性的范围内为这款游戏侵入了更多的心血和创意，当然这些创意都是经得起时间考验的，这也就使得这款游戏成了一代人的经典回忆，《超级玛丽》就是通过创意性的设计给用户带来了非常愉悦的游戏体验过程。

对于虚拟现实游戏行业来说，信息输入技术的缺失，使研发对信息输入要求较低的虚拟现实游戏来说还是和实际比较相符合的。也就是说，虚拟现实游戏的魅力不仅仅是依靠视觉的感受，还需要加入一些其他的因素来吸引玩家的注意力，一般将这些因素归咎于聪明的创意设计。

相比于 PC 端的游戏和游戏机上的游戏，手机游戏对于虚拟现实游戏行业的启发意义更大，手机游戏并不需要像 PC 端和游戏机上有较为强大的计算能力，也不需要配备更大的屏幕或者是比较专业性的游戏手柄等输入设备。从视觉的体验角度来说，手机的表现力是比较差的，但是手游已经成了如今市场长玩家数量最多的，也就是说手机游戏已经成了游戏市场中一个很重要的游戏市场。其实在技术成熟之前，虚拟现实游戏和手机游戏存在的问题是比较相似的：输入方式不理性。那么手机游戏是如何成为游戏中最重要的一个市场的呢？

手游如此火爆，一是因为手机可以随身携带，玩家可以随时随地地玩游戏，然而主机游戏就只可以回到家中才可以玩。也就是说手机游戏可以将娱乐的场景放在任意一个位置，比如在上下班的路上、公交上等。当然，随身携带这一特点也并不是唯一吸引大量玩家的原因，根本性的原因还是游戏比较好玩，在玩游戏的过程中可以让玩家感受到无尽的乐趣。手机游戏聪明之处就是在不能为玩家提供感官上的刺激，通过加入创意设计来整体提升游戏的体验，增加玩家玩游戏的乐趣。以《愤怒的小鸟》这款游戏为例，这款游戏的下载量为数十亿，给游戏开发商 Rovio 公司带来了巨大的收益。

这款游戏仅仅是一款具有卡通风格的 2D 游戏画面，玩法也很简单，玩家只需要拖动弹弓将小鸟射出去，让小鸟击中全部的小猪就可以进行下一局的游戏。这款游戏其实和《超级玛丽》相似，设计师在每一个环节都加入了自己独特的设计创意，无论是在音乐的效果还是卡通的形象或者是镜头的动画，都充满设计师的创意和心血。

因此，虽然在短时间内虚拟现实游戏存在着技术上的不完美，但是这并不意味着虚拟现实技术下的动漫游戏在技术成熟之前不具备商业价值。事实上，巧妙地加入一定的创意设计，就可以为这些简单的游戏加入无穷无尽的魅力。虚拟现实游戏设计师尽可以能地发挥创意，为虚拟现实游戏加入更多的心血，可以让游戏散发出视觉意外的魅力。

二、虚拟现实技术应带给观众全新式交互体验

如今，虚拟现实技术已经逐渐融入我们的生活，房地产公司以通过 ipad 的销售和商业显示体系统实现客户对未来住处的亲身体验。为让学生能真实的感受到实验的操作过程，部分学校还进行了虚拟实验教学。每个博物馆、展览厅为让参观者可以深入了解每一个展品，使用了虚拟现实技术。大型的工业生产通过虚拟现实技术可以利用电脑就可以完美控制整座工厂的运行。由此可知，虚拟现实技术从多方面给我们带来了全新的交互体验。

游戏中，虚拟现实厂商倡导在游戏中实现虚拟现实场景，这是一个杀手级的场景。通过眼镜、头盔等真实穿戴设备，加上手柄、地毯等配件，让用户在场景中畅游，给他们一个比电脑、手游和游戏机更真实的体感交互，压力反馈等交互体验。虚

拟现实设备有机会在游戏中先行爆发，并且将会非常受游戏爱好者的欢迎。

随着在线演艺的兴起，虚拟现实将来也会引用到网络演唱会，通过特殊设备和音乐平台的应用，观众可以体验在家中举行演唱会的气氛。从电脑或手机看到的现场会只有影像，没有角度。而虚拟现实设备可以模拟出演唱会光影、氛围、吵闹、人群等现场感。

从旅游方面，理论上来说，通过虚拟设备做的虚拟旅行违背了行走在路上，生活在另一个地方的旅行的本质。有些旅行爱好者希望去战乱国家，珠穆朗玛峰或者深海海底这些对于普通人来说遥不可及的地方。但是，虚拟旅行在虚拟现实设备中加入气味和声音，让旅行者可以360度全景观看。可以让旅行者通过选择不同的季节，一天不同的时间进行游览，还可以模拟在目的地留下到过的痕迹。显然，虚拟现实旅行让旅行者体验到比视频照片、地图街景更好的体验。

未来，虚拟现实设备也将应用在各大展会及各大展览馆，让观众可以通过佩戴设备收听解说，复原现场。当年南京大屠杀的惨状可以借助虚拟现实设备在南京大屠杀纪念馆进行还原。以后人们在家中就可以参观到各种展会或展览馆。虽然说Google地图等软件完成了全景博物馆的体现，但数字地图不可以像虚拟现实设备展现的那样让你触摸参展物，从多角度边看立体化的展品，让你有逼真的观看过程。

当你看着电视，听着音乐在跑步机上跑步时，应该会感到很枯燥。如果此时有一个可以让你感觉是在有着鸟语花香，有阵阵松风，溪流潺潺作响的森林里奔跑的跑步机，你会不会心动呢？虚拟现实技术通过室内运动的户外化，可以加强你的运动的体验，从而让你有一个更加愉悦的运动过程。有了虚拟现实设备，当你在游泳时，从泳镜中可以看到近在咫尺的鱼群，当你一个人在打球时你也会感到队伍中有乔丹的加入，幻想也可以成为现实，这样增添了运动的激情，会让你觉得运动更有趣味。利用虚拟现实设备使训练效果已经成熟的高尔夫室内模拟训练有更好的效果。有了虚拟现实设备，冲浪、滑翔、攀岩、网球都可以用虚拟现实设备来训练，从而让你能够充分地了解到某项运动技能。

虚拟现实技术可以实现家庭的互动，一个温暖的家庭是因为有老人、丈夫、妻子及孩子的陪伴。但现在很多家庭处于男人们经常出差，新生儿母亲要去上班，孩子去学校上学这么一个聚少离多的情况。虽然现在有很多远程的沟通方式进行交流，例如电话、视频，但却不能有更近距离的接触。比如想在外地出差时牵着孩子的手去散步，想在酒店的沙发上跟妻子一起看电视，想跟异地的家人们围炉夜话，或者当你在外走路时闻到妻子烹饪的香味，而这些，虚拟现实技术都可以帮你实现。这属实是一个让人心动的应用场景啊！

虚拟现实技术还可以实现实时分享。应用运动摄像机与虚拟现实眼镜结合，将你经历的一切无死角分享给他人。用户可凭借运动摄像机摄录的内容制作成虚拟现实内容来观看。相比于照片、视频分享虚拟现实技术更加快速方便和形象。其他人也可以通过虚拟现实眼镜等设备观看未来车载、运动摄像机、头盔式设备制作出来的虚拟现实内容。

在新数字媒体艺术的迸发和计算机网络技术的不断发展下，虚拟现实电影由计算机技术和电影艺术相结合，其达到的互动体验是其他任何一种艺术都无法实现的。让观众在观影过程中走进电影场景，可以360度全景式观察周边，还可以与场景中的人或物进行主动交互，在虚拟体验过程中可以创建一个隶属于个人的回忆录，创造一个语无伦次的故事情节，营造一个虚拟的梦幻空间，并可以将个人生活、经历进行再创造。

技术，一直改变着新闻的呈现方式，虚拟现实的融合也使观众体验到新闻的不同。在华盛顿举行的世界新媒体大会上，世界编辑论坛发布的最新的新闻编辑部趋势报告中认为，在新兴可穿戴技术和更便宜的虚拟现实设备的刺激下，游戏和虚拟现实技术正在改变新媒体生产故事的方式。这样，使观众足不出户就能感受重大新闻现场逐渐变成现实。新技术—游戏、虚拟现实、可穿戴技术—与新闻的融合已经呈现雏形。

新闻业在手机和移动互联网带给我们的巨大影响下，虚拟现实也将与新闻产生不一样的化学反应。虚拟现实与新闻的融合，没有了中间人的角色，让观众可以与新闻中的人物建立深刻的感情，让人们对新闻事件有切身的感受。通过虚拟现实装备让用户身临其境"听故事"，将会逐渐改变新闻生产和消费方式。未来，在战场新闻报道、体育比赛等场合应用虚拟现实技术可以激发观众的热情，使新闻变得更有趣味儿。

虚拟现实技术与新闻的融合，既可以让新闻信息有效地传播，也使观众获得了更多的自由感和满足感。但是，虚拟现实与新闻的融合也有局限性。虚拟现实的新闻报道需要一笔不菲的支出，这对于新闻机构和普通读者都是一大问题。因此，这在一定方面上就限制了欣慰报道的范围。所以，要想是其完善，就需要新闻从业者和技术人员继续探究。

三、虚拟现实技术应满足个性动漫用户的体验

时代在发展，各种消费形式多种多样，跟不上消费者的消费理念不管是民营的大公司和企业还是国有企业都将面临被大众所抛弃的局面。以前的消费是"务实派"在满足生活需求的基础上并没有太多的娱乐项目，更不用说提高精神享受。现在的消费形式直接性地跨入了"创新派"跟不上个性化思维的步伐，必将被无情的淘汰。必须以用户为第一生产视角，如果说做不到引领消费，至少要做到满足已知的用户需求。动漫游戏这一以文化基底为支撑的产业，必须找到新的发展方向，以最新的可切入的创新型技术相融合，才能有所发展，不被湮没在现代化发展的长河中。

当今社会的消费者越来越注重精神享受，越来越青睐个性化服务，他们在根本上找到了个人的精神需求。由于精神享受层面的娱乐项目就像雨后春笋般发展起来。因

为时代的发展，各行各业变得界限明了，大家做的事情也千篇一律，更多人想找到释放压力，让生活变得丰富多彩，这无疑是娱乐行业的一个重大突破口。人们纷纷出国旅游，去登山蹦极，去大型的游乐场寻找快感，但是这些需要大量资金不说关键是需要大量时间，但作为一个普通的上班族是很难有这样的机会的。于是有人把握良机创造了虚拟现实技术，让消费者在家就能体验千里之外的登山、蹦极、滑雪等各种娱乐项目。当然我们的动漫行业也紧紧抓住机遇，与虚拟现实技术相融合，找到创新与发展的敲门砖。

（一）动漫用户个性化需求的拓展

现在的服务体系都是以用户为中心拓展开的，从一个消费者入手找到自己需求的满足感，在享受被满足的同时找到自身存在的价值，例如在游戏中获得胜利的感受，他既是一个创造者也是一个消费者，对于这款游戏他是消费者，但是游戏人物的生成和成长都是消费者决定的，这又代表了他是一个创造者。所以找到一个用户个性化的服务体系对于动漫产业的发展有很大的帮助。

我们生活在飞速发展的互联网时代，消费者业余时间的争夺是一个娱乐项目公司成败至关重要的一环，所以必须快速生产，也能让大家快速消费。如果消费与创造能双管齐下很大程度上就能解决这个问题。而个性化服务就是引导用户生产的一个切入点。先找到用户的个性化需求，使用户对产品产生一定的黏性，进而对此服务做出肯定的评价，在此基础上激发用户自身的创造本能，满足自己的创造欲望，这样就能得到一个正向的反馈，用户即消费也能生产，减少了生产成本还能大量扩大生产途径。

（二）虚拟现实技术对动漫用户个性化的影响

动漫影视的发展也是多样化的，动漫电影，动漫游戏是动漫产业发展的两个巨头。对于用户个性化体验的发展模式，虚拟现实技术的研发对动漫产业的发展无疑是锦上添花，这一技术与动漫产业的融合，直接性地打通了动漫用户个性化服务的脉络。VR动漫影视，VR动漫游戏就这样开始在现代化产业舞台上大放异彩。因为VR电影是一种筛选性观看的电影，所以每个所选择的部分都是不同的，这会导致他所理解的电影内容会不同。这个现象的存在直接影响了VR电影的发展，各电影行业对此争议不断。

相对于传统影视来说，VR动漫影视的发展更加趋近于游戏的视觉效果，加强了体验感和互动感。因为传统的动漫电影主要是视觉和听觉体验没有互动效果，整个体验感觉很干瘪。而VR技术的加入直接让消费者身临其境，融入在整个体验过程里。这就是为什么很多的消费者将VR视频称为VR体验，而这种体验已经完全超越了一个动漫电影的范畴，不单是从电影的制作，用户的体验方面有了新的革新。

VR视频是一个全景的视频跟以往的普通视频完全不同，原来的视频屏幕的边框没有了，一个动漫视频内容的重点怎么凸显需要考量，因为全景就像把观众放入了情景里面，观众会注意什么，他要看什么导演在一定程度上是控制不了的。这导致了VR动漫电影视频等的制作难度大大提高，如何控制和引导观众的注意力和对情节的认识，就成了导演对整个视频制作把控能力的一大挑战。它类似于一个戏剧表演，只是在戏剧表演的时候，观众站在其中不参加演出而已。所以VR电影可以借鉴戏剧的创作特点，找到整个剧情的核心引爆点，极力阐释。VR的动漫电影制作不适合长视频的制作，目前的技术和整体发展更适合15～30分钟微电影的制作，相同的动漫视频内容，传统电影需要全方位对情节进行诠释，花的时间比VR电影需要的时间更长，所以虽然VR电影变成了短片的核心，但它承载的内容并不会减少只是换了一个表现形式。如果在这个基础上敢于大胆创新，就像一千个观众就有一千个哈姆雷特，能做到每个人的感官可以自由选择，选择自己想要看到的那一部分内容和情节，这个操作将会是动漫影视和普通影视行业发展的一大飞跃性创新，真正做到了消费者个性化选择。

VR动漫游戏在基因上与传统动漫游戏具有一定的相通性，VR游戏动漫中的空间追踪技术非常强大，它直接能够让玩儿家在游戏里面感受到真实的操作状态。这个技术的研发能让线下体验与线上结合，让游戏互动性更强，游戏更加具有趣味。玩儿家与玩儿家的互动增强了社交性，在这种模拟真实的社交过程中，玩儿家的攀比心、虚荣心和占有欲等将直接被激发，直接刺激了玩儿家在游戏内的消费。因为VR游戏中物体的高仿真性，它可以作为一种广告模式完全的与电商打通，根据玩儿家的设定和自身喜好等推送相关产品，间接的做到个性化服务，促进相关产品的销售量。

在VR动漫游戏的设计中，开发者为玩家提供了很高的创造性，例如自发建筑和未知探索的两种模式。但是玩儿家在体验时需要同等的感官体验，例如游戏里面有一堵墙，那么在实际的地方也需要设置类似于墙的物体，以便于玩家的真实触感，而且墙面的粗糙度，材质等都需要一一对等。根据虚拟现实未来发展的趋势来看，多维感官是必需的，视觉、听觉、嗅觉、触觉等五个感官的虚拟是进一步的发展方向，目前VR游戏的开发头部还是互联网的几大巨头，例如腾讯游戏、新浪游戏、网易游戏等。他们纷纷建立自己的VR游戏、影视等基地。一些新入局的玩家也想在市场有一席之地，建立自己行业堡垒。但是至关重要的还是以消费者为核心，没有消费者的支持必然失败，一切将化为泡影，然而个性化服务是现代化建设绕不开的话题。

第六章　虚拟现实技术在创新创业中的应用

第一节　虚拟现实技术的行业应用及特点

虚拟现实因其带来令人惊叹的体验而备受关注。它允许用户在模拟环境中沉浸并交互，是一种复杂且先进的技术。然而，像计算机一样，因为昂贵的费用最初被用于商业领域，后来才逐渐被消费者所熟知，作为一种"新玩具"来到游戏玩家面前。然而它的价值不仅仅是在游戏领域，在教育、零售、影视、工业等领域发挥着不可替代的价值。

虚拟现实可以大幅降低运营成本。与传统的面对面会议或工作坊相比，特别是当参加者来自分布式场所，必须前往一个固定地点进行聚会时，为组织方和参会者节省了场地租赁、空间装饰、物流和差旅费用等成本。同时也节省了旅行等所消耗的时间成本。它还为用户访问和连接提供了灵活性，因为可以从任何地方连接到虚拟现实环境，如笔记本式计算机平板电脑或手机等。

一、虚拟现实带来行业应用新形式

虚拟现实的高度可定制性和可扩展性。随着3D建模技术的成熟，虚拟现实环境中的数字化组件易于创建、维护和处理。由于可以预先设计和构建模型结构和块，玩家可以像玩乐高一样容易上手。此外，所有用户生成的内容（UGC）可以集中存储并可用于后期处理，可以使用在各行各业中。

（一）虚拟现实在航空业的四种新形式

虚拟现实已经从四方面影响着航空业的发展，创造了更多价值，并一定程度上节省了时间和资源。虚拟现实在航空中的应用带来了更多的可能性，如丰富机上娱乐，提升乘客体验以及让飞行员得以进行身临其境的训练，这两方面已经有了诸多案例。除此之外，虚拟现实在航空业还有更多用武之地。

1. 提升乘客飞行体验

长途飞行很无聊，以往的机上娱乐也许只有看书、看电影或者听歌。丰富机上娱乐、提升乘客飞行体验一直都是各大航空公司致力于解决的一大难题。虚拟现实让航空业找到了好帮手，乘客可以沉浸在虚拟环境中，时间似乎可以过得快一些了。

已经有航空公司尝试将摄像机安装在飞机的外部，以便乘客在乘坐飞机时可以欣赏到外面的景色，虚拟现实使得乘客感觉自己就像飞翔在云霄之中。这带来了梦幻般的飞行体验。

一些航空公司已开始为头等舱乘客提供虚拟现实头显作为机上娱乐设施，而不单单是一个耳机。

2. 培训航空从业人员

自从第一架飞行模拟器用于训练飞行员以来已经有很多年了，现在虚拟现实为培训飞行员提供一种新的方式。

飞行模拟器价格高昂，每个航空公司都面临飞行模拟器供不应求的问题。此外，飞行模拟器还需要大空间放置，占用大量的资源。虚拟现实可以很好地解决这些问题，虚拟现实带来的沉浸体验使飞行员就像坐在驾驶舱里，在逼真的场景中操作，而且购买虚拟现实设备的费用远低于飞行模拟器，节省了大量的资金。此外值得一提的是虚拟现实可以实现更多飞行员同时进行训练，大幅提高培训效率。

虽然虚拟现实不会完全取代实机训练，但作为培训的辅助手段，虚拟现实对于拥有大量机组人员的航空公司来说是非常有益的。

3. 治疗人们的恐飞症

虚拟现实不仅适用于机上娱乐和培训，还可用于治疗恐惧飞行的乘客。

诸多研究表明，虚拟现实体验可以通过鼓舞、激励等方式改善人们各种心理问题。最好每个人都能够体验虚拟现实，特别是那些精神状态和心理素质不好的人。

有很多致力于用虚拟现实解决人们心理问题的科技公司，他们开发了一些有助于缓解人们恐惧症的虚拟现实应用，配合传统的心理治疗，可以达到更好的效果。

4. 用于营销提高企业声誉

阿联酋航空在其网站上增加了虚拟现实体验，让参观者可以查看其 A380 飞机的内饰。用户可以在 3D 渲染的经济舱、商务舱和头等舱以及豪华的休息室和淋浴间漫步。

虚拟现实营销不仅存在于航空业，任何行业的营销活动都可以借助虚拟现实让消费者在消费行为发生之前身临其境感受企业提供的服务从而激发购买行为。

除上述四种虚拟现实与航空业结合的方式外，相信虚拟现实之于航空业还有更多的可能性。然而需要注意的是，纵使虚拟现实与航空业结合的方式很多，却不乏有些浅尝辄止，尚且没有被广泛使用，虚拟现实的价值仍有待于被开发，而随着虚拟现实相关技术的迭代，相信虚拟现实还会为人们带来更多惊喜。

（二） 虚拟现实系统改变传统的参观博物馆方式

虚拟现实博物馆是在"虚拟现实＋"的应用潮流下产生的，极大改变了传统博物馆枯燥、死板的印象，给人们提供有趣科普知识的同时带来了不一样的高科技游览享受。

虚拟现实技术在博物馆展览上的应用，能让人们自由穿梭于时间隧道，随意跨越广阔的地域，在虚拟现实场景中尽情游历文化古城，欣赏文物的精髓。

博物馆虚拟现实展览系统以沉浸性、交互性和创造性的形式完美展现历史事件、文物，情景等，充分利用计算机技术连接庞大的三维数据库，让众多的数据实现可视化，以三维立体的仿真模型展现在人们面前，让人们身临其境。

博物馆虚拟现实展览系统能够利用艺术方式来展现博物馆的方方面面，并且实现当前很多博物馆不具备的功能。虚拟现实博物馆能够很好地保护古代文物，同时也让人们近距离接触文物，真正做到观众与文物亲密接触。

在过去，为了保护古代文物不受到破坏而收藏到展柜中，参观者无法近距离观看物体细节，更不用说要触碰了。虚拟技术帮助博物馆解决了这难题，利用三维仿真技术对文化古物进行重建模拟，并存放在虚拟博物馆中，人们可以随意拿起来进行观看，这既满足了参观者的好奇心又保证文物不受到损害。

在以往的文物保护过程中，就算文物工作者用尽各种办法全力去保护古人留下来的文物，但也难逃时间的魔掌，脆化、脱色、剥落等现象始终不能避免。利用虚拟现实技术，不仅可以复原所有的文物原本的样貌，展现它崭新的形象，而且永远不会变样。

（三） 虚拟现实带来看房新方式

用虚拟现实眼镜可以带来购房新体验，这些眼镜戴在用户的脸上就像是一个潜水镜，但用户看到的不是一群鱼，而是一座公寓；向前走，试图进入洗手间，不小心还会撞到墙上、门上。这是数字设计公司专门根据房地产公司的建筑计划设计建筑以及周边环境的虚拟透视图。这一想法的目的是能够让潜在买家戴着虚拟现实眼镜在建筑内外走上一圈，让他们看到这座建筑周围的真实场景。这些体验愈加真实，顾客就越有可能花巨资买下。

虚拟现实技术将有望改变房地产行业，将"卖房子"这一"技术活"变得更加有效。首先它能够帮助那些新到一个环境的人看到所购房屋的详细情况和未来周边的发展环境，一定程度上缓解他们对未来房屋发展的担心，加速了交易进程。

另外，购房者还可以提前了解所买房屋的信息，缩短了看房时间。3D漫游技术已经非常流行。3D漫游其实就是10年前较为流行的全景照相机升级版，用户无须戴上头盔，通过鼠标和键盘的操作就可以详细地观察到公寓内各处场景，也可以将图像放大来查看细节。尤其是对于那些要到国外置业的买主来说，在家就可以提前看看未来房子的具体情况，然后再来实地通过虚拟现实设备详细考察，确实要方便很多。虚拟现实影像中还可以呈现未来建筑周边的环境。虚拟现实卖房的好处有：

（1）提高房屋参观和销售效率。

（2）购买不用看现货房产。

（3）提供修复和翻新的新形式。

（4）以质量为导向的广告租赁。

（5）改进的租户沟通。

（四）虚拟现实提供技术与艺术相结合的新形式

在影像中，人们分不出来或者没有必要分出来现实的和虚拟的区别，从而抬高了虚拟影像的地位，使其达到一种不是现实但极似现实的效果，进而在很多方面执行现实影像的作用。从技术发展来看，虚拟现实、增强现实、混合现实在虚拟效果上不断向现实延伸，最终达到的目标是替换现实或与现实影像不分。从技术上看，虚拟现实在慢慢成熟，而增强现实还处于探索阶段，混合现实更是需要时间才能得到比较大的发展。这里从其作用于现实方式的角度将其视为一种整体性的虚拟现实技术。

每一种新技术都会产生与之相适应的艺术形式，一旦虚拟现实在技术上成熟，新的艺术形式将成为最引人注目的艺术形式，它不仅改变电影的形态，连表演、导演、音效、画面等都将同时被改变。

在虚拟现实技术与绘画表现结合的领域已有初步实践，上海世博会中国馆的《清明上河图》是虚拟现实技术渲染、动画技术在数码绘画领域的成功应用。《清明上河图》不仅将原图放大了30倍，长宽分别为128m、6.5m，并且将原画的平面延伸到一定的三维效果，将其中的人物从静态变为动态，并辅助有声音对话，生动展示了一幅宋代繁华景象。

虚拟现实技术下的数码绘画逐渐突破传统绘画在二维平面的、静态的表现观念，呈现着虚拟式、交互式、动态化、多感知化的表现特点。

虚拟现实技术的运用使新时代的数码绘画不断突破原有的概念，将数码绘画的概念泛化，并赋予其新的多元化的表现方式。总结发展现状，虚拟现实技术F的数码绘画有如下几种表现形式：交互式全景绘画、传统绘画的三维仿真、多感官的表现形式。

虚拟现实技术正越来越广泛地应用于数字艺术创作，成为新媒体艺术家的新宠。不同于传统的艺术创作，虚拟现实技术下的艺术创作可以给人带来五维的多感官体验，更能给人身临其境的艺术体验。虚拟现实下的数字艺术更丰富了传统艺术的交互形式，通过动画、声音等与观众进行互动。虚拟现实在艺术领域的应用，给数字媒体艺术带来了新的艺术表现语言、新的艺术感官体验，虚拟现实技术的发展正不断推动着新媒体艺术的创造性的多元发展。在数码绘画领域，虚拟现实技术也有广泛的应用和发展空间，虚拟现实技术也必将在绘画领域有所突破，有所作为。

（五） 虚拟现实创新营销新方法

"虚拟现实+"的形式不断渗透到各行各业，对营销行业来说，也早已率先开始探索如何将传统的营销与当前热门的虚拟现实技术相结合，并通过彼此的互相碰撞与融合，来改写营销行业的未来模式。

虚拟现实营销最重要的价值在于很强的现场感、品牌的超现实体验和较强的互动性。可以引领新潮的虚拟现实技术无疑会让很多人感到迥异于传统的新鲜感和刺激感，抓住消费者的猎奇心理是市场营销行之有效的手段之一i虚拟现实的交互性和沉浸性能够在短时间内吸引用户的全部注意力，有科学证据表明人们对虚拟现实体验的记忆不仅时间长而且更深刻，并且伴随着营销方式的多样化，虚拟现实可以多种形式进入不同的行业企业中；在"讲故事"这个营销难题上，虚拟现实可以帮助人们找到"感性"和"理性"之间的更好平衡。数字营销不是"奇葩说"，消费者一没有时间二没有兴趣去听产品的特性分析和优劣辩论。而虚拟现实很可能是打通感性，植入理性的最佳媒介。

虚拟现实从以下方面改变了营销：

（1）视觉传输：视觉营销在过去的几年中已经成为网上营销的主要推动力，而虚拟现实会进一步地推动视觉营销。不仅优化了传统在线直播，提供更好的临场感和全景观看体验。虚拟现实技术通过视觉模拟，结合360°全景拍摄及后期画质拼接合成，解决了传统2D直播画面呆板和用户无法全角度观看的问题。

（2）沉浸感：虚拟现实所提供的沉浸感是最大的卖点之一，对营销来说也有很大的影响。虚拟现实背后的意义是360。全方位感受，而这也是用户所期待的。虚拟现实技术在现场录制和后期计算机仿真中加入环绕立体声，过滤掉现场杂音，将"音效、场景、人物"融为一体，给用户带来真正的体验。

对于品牌而言，虚拟现实的出现正让营销这一传统行业激发出无限可能性，建立全新的市场营销体系。可以想象，未来任何领域的品牌和产品都可以找到适合自己的形式进行虚拟现实营销。

（六） 虚拟现实教育将作为创新教学的改革方式

"互联网+教师教育"创新行动充分利用云计算、大数据、虚拟现实、人工智能等新技术，推进教师教育信息化教学服务平台建设和应用，推动以自主、合作、探究为主要特征的教学方式变革。启动实施教师教育在线开放课程建设计划，遴选认定200门教师教育国家精品在线开放课程，推动在线开放课程广泛应用共享。实施新一周期中小学教师信息技术应用能力提升工程，引领带动中小学教师校长将现代信息技术有效运用于教育教学和学校管理。研究制定师范生信息技术应用能力标准，提高师范生信息素养和信息化教学能力。依托全国教师管理信息系统，加强在职教师培训信息化管理，建设教师专业，发展"学分银行"。

（七）虚拟现实改变人类娱乐方式

无人驾驶汽车已经走出实验室，特别是虚拟现实改变人民大众的娱乐方式。体育赛事的直播还可以让观众在电视机前就看到360°的现场全景，体验身临其境的感觉。现场戴上"眼镜"，进入海洋模式，瞬间就从寒冷的江南，切换到热烈的海洋。裸眼3D技术让未来的娱乐方式更丰富，待在家中也能神游天下。伴随着虚拟现实身临其境的体验、全能充沛的服务、现实与虚拟的结合以及无处不在的互联网基因渗透，相关生产和需求都可能出现爆炸性增长。可以说，互联网与社会生活之间的共振作用、互动作用会更加强烈，互联网在改变人们生活方式的同时，人们的新需求也在不断催生新的互联网技术和文化。

中国众多制造企业正在加快转型升级，"机器换人"是个重要标志。未来5年机器人的功能将更丰富，除了从事机械工作的工业机器人外，掌握更高人工智能科技水平的机器人，会成为跟人类进行更多交流的伴侣。例如，微软除了已推出的"微软小冰"外，这次又带来了"微软小娜"个人智能助理，它"能够了解用户的喜好和习惯"，"帮助用户进行日程安排、问题回答等"。可以说人类的新机器人伙伴正在走近日常生活。

（八）虚拟现实新的应用形式：梦想成真，让你成为任何人

由于各种虚拟现实设备的高速发展，其中以Oculus Rift头戴显示器为首，为人们呈现了各种虚拟现实体验：游戏、3D建模设计、互动影视观赏，直到现在的"交换身体"体验。将来用户可以体验到虚拟现实新的应用形式：让你成为任何人。通过这种方式的"远程呈现"，可以让更多用户在不同的地点实现角度互换的虚拟人生体验，从而促进人与人之间的沟通，产生更多共鸣、解决矛盾。例如，让残障人士体验正常的人生、增加生活信心；在不同人种之间虚拟互换，消除种族歧视；一生中的遗憾是没有成为歌手或是电影明星，现在你可以做一个更真实的"梦"……实现真正的"虚拟人生"。

二、未来的应用服务，虚拟现实是"刚需"

（一）虚拟现实提供九种新的交互方式

在世界范围内，虚拟现实早就渗透进了传统行业。虚拟现实被很多业内人士认为是下一个时代的交互方式。虚拟现实交互仍在探索和研究中，与各种高科技的结合，将会使虚拟现实交互产生无限可能。虚拟现实不会存在一种通用的交互手段，它的交互要比平面图形交互拥有更加丰富的形式。总结虚拟现实的九种交互方式以及它们的发展现状。

1. 用"眼球追踪"实现交互

眼球追踪技术被大部分虚拟现实从业者认为将成为解决虚拟现实头盔眩晕病问题的一个重要技术突破。眼球追踪技术为"虚拟现实的心脏"，因为它对于人眼位置的

检测，能够为当前所处视角提供最佳的 3D 效果，使虚拟现实头显呈现出的图像更自然，延迟更小，这都能大大增加可玩性。同时，由于眼球追踪技术可以获知人眼的真实注视点，从而得到虚拟物体上视点位置的景深。眼球追踪技术绝对值得被从业者们密切关注。但是，尽管众多公司都在研究眼球追踪技术，但仍然没有一家的解决方案令人满意。

在业内人士看来，眼球追踪技术虽然在虚拟现实上有一些限制，但可行性还是比较高的，如外接电源、将虚拟现实的结构设计做得更大等。但更大的挑战在于通过调整图像来适应眼球的移动，这些图像调整的算法在当前都是空白的。

2. 用"动作捕捉"实现交互

动作捕捉系统是能让用户获得完全的沉浸感，真正"进入"虚拟世界。专门针对虚拟现实的动捕系统。市面上的动作捕捉设备只会在特定超重度的场景中使用，因为其有固有的易用性门槛，需要用户花费比较长的时间穿戴和校准才能够使用。相比之下，Kinect 这样的光学设备在某些对于精度要求不高的场景可能也会被应用。全身动捕在很多场合并不是必需的，而它交互设计的一大痛点是没有反馈，用户很难感觉到自己的操作是有效的。

3. 用"肌电模拟"实现交互

利用肌肉电刺激来模拟真实感觉需要克服的问题有很多，因为神经通道是一个精巧而复杂的结构，从外部皮肤刺激是不太可能的。当前的生物技术水平无法利用肌肉电刺激来高度模拟实际感觉。即使采用这种方式，能实现的也是比较粗糙的感觉，这种感觉对于追求沉浸感的虚拟现实也没有太多用处。

有一个虚拟现实拳击设备 Impact。用肌电模拟实现交互。具体来说，Impacto 设备一部分是振动马达，能产生振动感，这个在游戏手柄中可以体验到；另外一部分，是肌肉电刺激系统，通过电流刺激肌肉收缩运动。两者的结合，让人误以为自己击中了游戏中的对手，因为这个设备会在恰当的时候产生类似真正拳击的"冲击感"。

4. 用"触觉反馈"实现交互

触觉反馈主要是按钮和振动反馈，大多通过虚拟现实手柄实现，这样高度特化/简化的交互设备的优势显然是能够非常自如地在诸如游戏等应用中使用，但是它无法适应更加广泛的应用场景。三大虚拟现实头显厂商 Ocuius、索尼、HTC Valve 都不约而同采用了虚拟现实手柄作为标准的交互模式：两手分立、6 个自由度空间跟踪，带按钮和振动反馈的手柄。这样的设备显然是用来进行一些高度特化的游戏类应用的（以及轻度的消费应用），这也可以视作一种商业策略，因为虚拟现实头显的早期消费者应该基本是游戏玩家。

5. 用"语音"实现交互

虚拟现实用户不会注意视觉中心的指示文字，而是环顾四周不断发现和探索。一些图形上的指示会干扰到他们在虚拟现实中的沉浸感，最好的方法就是使用语音，和他们正在观察的周遭世界互不干扰。这时如果用户和虚拟现实世界进行语音交互，会更加自然，而且它是无处不在、无时不有的，用户不需要移动头部和寻找它们，在任何方位、任何角落都能和他们交流。

6. 用"方向追踪"实现交互

方向追踪可用来控制用户在虚拟现实中的前进方向。不过，如果用方向追踪可能很多情况下都会空间受限，追踪调整方向很可能会有转不过去的情况。交互设计师给出了解决方案——按下鼠标右键则可以让方向回到原始的正视方向或者重置当前凝视的方向，或者可以通过摇杆调整方向，或按下按钮回到初始位置。但问题还是存在的，有可能用户玩得很累，削弱了舒适性。

7. 用"真实场地"实现交互

超重度交互的虚拟现实主题公园 The Void 采用了这种途径，就是造出一个与虚拟世界的墙壁、阻挡和边界等完全一致的可自由移动的真实场地，这种真实场地通过仔细地规划关卡和场景设计就能够给用户带来种种外设所不能带来的良好体验。把虚拟世界构建在物理世界之上，让使用者能够感觉到周围的物体并使用真实的道具，如手提灯、剑、枪等，中国媒体称为"地表最强娱乐设施"。缺点是规模及投入较大，且只能适用于特定的虚拟场景，在场景应用的广泛性上受限。

8. 用"手势跟踪"实现交互

光学跟踪的优势在于使用门槛低，场景灵活，用户不需要在手上穿脱设备。手势追踪有两种方式，各有优劣：一种是光学跟踪；第二种是数据手套。

光学跟踪未来在一体化移动虚拟现实头显上直接集成光学手部跟踪用作移动场景的交互方式是一件很可行的事情。但是其缺点在于视场受局限，需要用户付出脑力和体力才能实现的交互是不会成功的，使用手势跟踪会比较累而且不直观，没有反馈。

数据手套的优势在于没有视场限制，而且完全可以在设备上集成反馈机制（如振动、按钮和触摸等）。它的缺陷在于使用门槛较高：用户需要穿脱设备，而且作为一个外设其使用场景还是受局限的。

9. 用"传感器"实现交互

传感器能够帮助人们与多维的虚拟现实信息环境进行自然地交互。例如，人们进入虚拟世界不仅仅是想坐在那里，他们也希望能够在虚拟世界中到处走走看看，这些基本上是设备中的各种传感器产生的，如智能感应环、温度传感器、光敏传感器、压力传感器、视觉传感器等，能够通过脉冲电流让皮肤产生相应的感觉，或是把游戏中触觉、嗅觉等各种感知传送到大脑。已有的应用传感器的设备体验度都不高，在技术上还需要做出很多突破。

虚拟现实是一场交互方式的新革命，人们正在实现由界面到空间的交互方式变迁。未来多通道的交互将是虚拟现实时代的主流交互形态，虚拟现实交互的输入方式尚未统一，市面上的各种交互设备仍存在各自的不足。

作为一项能够"欺骗"大脑的终极技术，虚拟现实在短时间内迅猛发展，已经在医学、军事航天、室内设计、工业设计、房产开发、文物古迹保护等领域有了广泛的应用。随着多玩家虚拟现实交互游戏的介入以及玩家追踪技术的发展，虚拟现实把人与人之间的距离拉得越来越接近，这个距离不再仅仅是借助互联网达到人们之间的交互目的，而是从身体感知上拉近空间的距离。

（二）虚拟现实将改变你眼中的世界和影响人心

虚拟现实技术在特定场景下的人机交互还有很多可供挖掘的，远不止是游戏和电影，教育、生产等方面也有很广的前景。Oculus虚拟现实刚出来的时候，我们是纯粹把它当成一款颠覆性的游戏和电影设备的；后来慢慢意识到，虚拟现实技术在特定场景下的人机交互还有很多可供挖掘的，远不止是游戏和电影，教育、生产等方面也有很广的前景。

虚拟现实技术是在重塑一个世界，这样的技术的威力在初期很难看到全貌，但是我们隐隐已经看到这只巨兽一条腿了。我们意识到虚拟现实真正厉害的地方不在对外部世界的逼真模仿，而是通过这种模仿给人心造成的巨大影响。

虚拟现实带给人类的，是一种以极低成本去体验现实中可能或者不可能的经历，而且这种体验从视觉和听觉两方面看几乎能以假乱真，重点是视觉和听觉正是人类主要的感知手段。在这个虚拟世界里的体验，会向真实世界中人们经历的事情一样对主人公产生直达内心的影响。就像"盗梦空间"一样，给他人的思想植入一些东西，这种力虽是最可怕的。

如果人类未来可以把自己的思想连到互联网上，实现完全的数字化生存，那么现在的虚拟现实技术，就是把现实世界虚拟化，放到你眼前，你的肉身还在，但是现实世界已经数字化了。也许虚拟现实是第一步，毕竟比起虚拟化思想，虚拟化外界会更容易实现。

（三）虚拟现实将成为应用的刚需

虚拟现实推广应用到一定程度，将影响到每个人的物质生活甚至精神生活，人们对它的依赖会越来越强，因此虚拟现实将成为人们应用的刚需。未来服务行业、教育行业中运用的虚拟现实应用如雨后春笋般涌现出来。虚拟现实逐渐成为主流，包括谷歌和Facebook在内的教育和服务技术领域的一些主要参与者已经在为智能服务、智慧教室寻求新的应用场景。

例如，虚拟实地考察已成为虚拟现实技术最受欢迎的学习应用之一，房地产、旅游业、学校已经开始使用Google Expeditions将学生运送到遥远甚至地球上无法进入的地方进行虚拟实地考察。Google Expedition应用程序可以在iOS或Android上免费下载，用户可以投资一些连接到智能手机的低成本纸板耳机。通过这些简单的耳机，用户可以积极探索从马丘比丘到外太空或深海的任何东西。

学习一门新语言的最佳方法之一就是全身心投入，最好是学生每天都倾听和讲他们正在学习的语言,最好就是长时间待在国外。由于我们大多数人都无法承受几个星期甚至几个月一次飞往另一个国家。所以虚拟沉浸是一个好工具,它能够生成你所需要的语言学习环境,现在正在开发一些使用虚拟现实的新语言学习应用程序,通过虚拟现实的模拟可以诱使大脑认为体验是真实的。

应用程序 Unimersiv 可以与 Ocuhis Rift 耳机一起使用。该应用程序允许学习者与来自世界各地的人联系,并在玩游戏和与虚拟世界中的其他学生互动时练习他们的语言技能。

虚拟现实模拟还可以帮助学生学习实用技能,以这种方式培训人员的好处之一是,学生可以从现实场景中学习,而不会有在不受控制的现实生活中练习陌生技能的风险。Google 的 Daydream 实验室进行的一项实验发现,获得虚拟现实培训的人比那些仅仅参加视频教程的人学得更快、更好。

虚拟现实技术是激发学生创造力并使他们参与的好方法,特别是在建筑和设计方面。德鲁里大学哈蒙斯建筑学院的学者一直在研究如何在他的领域应用虚拟现实技术,并相信它在建筑设计中开辟了无数的可能性。

虚拟现实技术有可能极大地加强团队之间的协作,包括远程协作和培训。研究表明,虚拟现实和增强现实模拟可以提高学习动力,改善协作和知识建构。在名为"第二人生"的虚拟世界中进行的一项研究允许用户在出国前设计、创建和使用协作活动,以便向交换生介绍他国语言和文化。学生们在关键点的应用和表现有很大进步,包括在练习语言技能时减少了尴尬,以及学生之间有更好的社交互动。

第二节　虚拟现实技术的创新创业机会

2016 年后,虚拟现实、增强现实技术及相关新兴产品,从尖端技术领域逐步走向公众视野,各方均迫切需要一个权威的跨界平台,将企业、资源、人才全部聚集起来,共同解决行业面临的技术、标准、政策等问题。在此背景下,由汉威文化、微软、索尼、三星、NVIDIA、EPIC、盛大集团、暴风魔镜、乐视虚拟现实等十余家国际知名虚拟现实、增强现实娱乐企业共同发起组建的中国虚拟现实、增强现实娱乐产业联盟(简称 VR EIA)应运而生。

以后可能戴上眼镜就可以让你走进另一个虚拟世界,这也是虚拟现实技术的创新创业机会所在。虚拟现实、增强现实作为继 PC、智能手机后又一重要应用端平台,已进入快速发展的新阶段。随着虚拟现实、增强现实技术及应用的快速拓展,虚拟现实、增强现实娱乐产业也日渐成为关注的热点。

增强现实,通过计算机技术,将虚拟的信息应用到真实世界,真实的环境和虚拟的物体实时地叠加到了同一个画面或空间同时存在。虚拟现实、增强现实结合主要应用领域分别为视频游戏、事件直播、视频娱乐、医疗保健、房地产、零售、教育、工程和军事。据高盛分析师总结，虚拟现实和增强现实有潜力成为下一个重要计算平台，如同 PC 和智能手机，并有可能像 PC 的出现一样成为游戏规则的颠覆者。

作为全球前沿的技术，很多嗅觉灵敏的开发者和大的平台已经开始布局，所有人都会有两种心情同时并存，第一种是非常兴奋，在前沿的领域拿到了投资，准备要开始大展拳脚；第二种是虚拟现实领域还没有一个绝对成熟的商业模式让开发者去借鉴，以至于对于未来会产生很多迷茫。乐视虚拟现实垂直布局旅游、音乐、游戏、影视等领域致力打造一个完整的虚拟现实开放生态系统。

另一方面，内容或成为初创业者涉足的小切口。虚拟现实不同于大数据，大数据投资门槛太高，但虚拟现实的内容，普通创业者也可以参与其中。相比云计算、大数据等，虚拟现实、增强现实的进入门槛并没有那么高，更能被普通科技创业者所青睐。不过虚拟现实、增强现实领域还没有形成一个成熟的生态，在内容上硬件、软件、平台、系统不可避免地存在一定的"陷阱"，发展会有一定的起伏。初创企业以内容为小切口涉足虚拟现实、增强现实领域仍会有市场潜力，未来大有弯道超车之势。国际国内很多大型企业都在布局虚拟现实和增强现实，因此不管是硬件还是软件，都已经被几家大的巨头霸占。国内早期创业者的机会是虚拟现实内容，创业者如果瞄准硬件会很难，需要大成本、大投入。

未来虚拟现实、增强现实市场对内容的需求量会非常大，未来有很多领域具有新的投资或者是创业的机会。首先是开发工具，在整个虚拟现实、增强现实行业有很多方面可以进行软件工具开发，其中存在巨大的机会；同时，整个虚拟现实、增强现实的数据量、传输量非常巨大，对整个基础设施的要求会提高，对大数据以及对各类数据的收集、采集和分析也成为一个新的创业发展机会。

一、虚拟现实结合设计思维

计算机技术、虚拟现实技术为主并集多种技术为一体的先进技术开始在创造性活动中发挥作用，在众多领域都起到了重要作用。研究如何将虚拟现实技术引入文化、艺术、产品设计中，有着十分重要的现实意义。

（一）文化创意创业

虚拟现实技术作为数字技术中神奇的科技成就之一，为艺术家提供了这一自由的手段，同时也为扩展艺术家的创造力和认识论视野开启了一个额外的维度：它打破了以往艺术实践的经验模式，在它创建的世界里，任何一种信息以及任何构成其原始存在的物质性因素，都可以变为可以控制的电子"变量值"。可以说艺术的发展总是同等地反映由技术进步所引发的变革。

艺术家通过诉诸虚拟现实、增强现实等技术思想的把握，可以采用更为自然的人机交互手段控制作品的形式，营造出更具沉浸感的艺术环境，打造现实情况下不能实现或难以实施的艺术梦想，并赋予创造的过程以新的含义。例如，具有虚拟现实性质的交互装置系统可以设置观众穿越多重感官的交互通道以及穿越装置的过程，艺术家可以借助软件和硬件的顺畅配合来促进参与者与作品之间的沟通与反馈，创造良好的参与性和可操控性；通过视频界面进行动作捕捉，存储访问者的行为片段，以保持参与者的意识增强性为基础，同步放映增强效果和重新塑造处理过的影像；通过增强现实、混合现实等形式，将数字世界和真实世界结合在一起。观众可以通过自身动作控制投影的文本，如数据手套可以提供力的反馈，可移动的场景，360°旋转的球体空间不仅增强了作品的沉浸感，而且可以使观众进入作品的内部，甚至操纵它，观察它的过程以及参与再创造的过程。

在创意过程中，加强设计素描和徒手草图的训练是作为一个设计师成功的必经之路。人们通过眼睛对事物的认知和大脑不断的形象化思考，并将其转化为视觉形象和图形意象，再通过徒手草图的勾勒，使视觉形象跃然纸上。画面所勾勒的形象又通过眼睛的"看"反馈到大脑，进而刺激大脑进行再思考、再创作，在如此循环往复的过程中，最初模糊的设计意象和创意构思随之逐渐清晰、深入和完善起来。这就是艺术创造的有机过程："观察——发现——思考——创造"，这就是人们常说的"心智图法"，是利用具体的图形刺激思维，根据图像来整合自己的想法和所接受的信息，是用形象去思维的一种方法，是意念图像的物化过程。这个过程有助于提高观察问题、发现问题、分析问的能力，进而提高创造性思维能力以及综合的设计修养，使设计者产生更多的新构思和新创意。这些基于"动手"能力和创意的过程就是设计基础教学中"设计素描"教学的主要内容。以线条、明暗、形象、符号、色彩等图形元素，将大脑的意念、灵感、设想和信息等散乱的想法组合起来，并以视觉形象的形式体现出来，成为一幅心灵图形。设计素描教学中的徒手训练，就是这种形象化的思考方式，是对视觉思维能力、想象创造能力、绘画表达能力三者的综合。训练过程中，在乎于观察、发现、思考，通过动手达到动脑，有效地提高和开拓创造性思维能力的目的。纵观国内外的许多优秀设计师的成功之道，均得益于此，他们都有一手出色的徒手表现和评价的能力。

虚拟现实设计系统通过模拟道路环境如各类建筑、桥梁、隧道、水域、植被绿化等，还能模拟各种天气环境如早晨、中午、黄昏、大雾、下雨、下雪等，形成高品质的艺术效果和高画质渲染技术。还可以借助多通道环幕（立体）投影系统，采用多台投影机组合而成多通道大屏幕展示，比普通的标准投影系统具备更大的显示尺寸、更宽的视野、更多的显示内容、更高的显示分辨率，以及更具冲击力和沉浸感的视觉效果。

例如，智能穿戴设备与虚拟现实技术的融合与创新，运用在教育领域也将发挥其可视性、趣味性、交互性的优势。

（二）艺术、产品设计

在虚拟现实越来越火的时代，各行各业争相加入虚拟现实的产业。设计师们也逐渐参与到这场盛宴里来了。虚拟现实与艺术设计的结合，堪称完美。

虚拟现实最大特点之一就是全景操作，谷歌开发的名为 Tilt Brush 的绘画软件，该软件需要设计师带上虚拟现实眼镜后就可以尽情发挥想象，在空间中随意创作。以前，设计师们伏在桌边用铅笔、橡皮和三角尺作图，工作效率并不高。后来坐在办公室用计算机里的软件辅助绘图，没日没夜地对着计算机屏幕。之后就有可能实现在虚拟现实中进行创作，那时设计师们可以带着虚拟现实设备在虚拟现实世界里用虚拟现实版的 PS、AL sketch 等软件建模，设计好后直接传送给老板。

应用虚拟现实技术可以非常完美的表现室内环境，并且能够在三维的室内空间中自由行走。在业内可以用虚拟现实技术做室内 360°全景展示、室内漫游以及预装修系统。虚拟现实技术还可以根据客户的喜好，实现即时动态的对墙壁的颜色进行更换，并贴上不同材质的墙纸。地板、瓷砖的颜色及材质也可以随意变换，更能移动家具的摆放位置、更换不同的装饰物。这一切都在虚拟现实技术下将被完美的表现。

虚拟现实技术已融入服装设计，消费者可以在家里带上一个虚拟现实眼镜，通过网店试选衣服。消费者可以将自己的身体数据上传给服装设计师，设计师可以在虚拟空间里先选择和设置布料的参数（重力，风力），进行人体动力学运动的模拟和仿真，人们在购买衣服时可以在家试穿虚拟的衣服，然后购买，这样就不会出现网购尺码或样式不满意的结果。

国内一家在建筑设计领域以虚拟现实技术为切入口的公司——光辉城市。该公司的建筑设计师将 Sketchup、3Dmax 等主流模型文件一键上传至 Smart+平台，半小时左右即可获得由云端引擎全自动转化的虚拟现实展示方案，客户可以戴上虚拟现实头显观看全方位的立体建筑模型。效果图是建筑行业里的重要环节之一，如果交互性不足，效果图只能做定点渲染，展现的内容非常有限。动画虽然可以多方位展示构想，但人却不能参与其中进行随心所欲的漫游。虚拟现实技术的引入可以使设计师和客户在设计的场景里自由走动，观察设计效果，完全替代了传统的效果图和动画，实现 3D 漫游。

虚拟现实技术已经在汽车制造业中加以应用。在汽车设计阶段，厂商可以利用虚拟现实技术得到 1 比 1 的仿真感受，对车身数据进行分层处理，设置不同的光照效果，达到高度仿真的目的。然后还可以对该模型进行动态实时交互，改变配色、轴距、背景以及查看细节特征结构。设计师可以第一时间看到效果。

虚拟现实技术在艺术设计中的应用，可以弥补环境艺术创作中存在的不足，减少艺术设计受到活动经费、场地、工作设备的限制，还能够降低设计成本，及时对设计做出修改，有效地对环境设计做出预案，加深工作者对环境艺术设计工作内容的理解以及把握。虚拟现实技术辅助环境艺术设计在很大程度上提升了艺术创作的效率。

利用虚拟现实技术设计者完全可以打破时间以及空间的限制，各个环节的联系一目了然，进而整个环境艺术作品能够全部展现出来。设计者也可以及时发现问题，及时改正，有效地提高环境艺术设计作品的效率和质量。

虚拟现实技术利用先进的科学技术使环境艺术创作达到全新的高度，环境艺术创作也使科学技术得到充分地利用。两者相辅相成，使科学技术充满艺术内涵，也使艺术在科学技术的基础上得到更好的发展，让人类的生活更加丰富多彩。艺术设计师已经不像以前那样依靠烦琐、单一的手段来表达艺术设计思维。虚拟现实技术帮助环境艺术设计者冲破传统的束缚，激发艺术设计所蕴含的巨大潜力，为艺术设计开拓巨大的发展空间。

二、虚拟现实和公益事业结合带来的创新创业机会

（一）针对自闭症的虚拟现实应用

虚拟现实的应用可以改善人们的生活，让世界变得更卓越，推动和探索技术和社会事业的交汇点。人们可以用设计思维等创新方法论来帮助他们的产品和业务模式的本地化工作，以满足用户的需求。虚拟现实针对自闭症的虚拟现实应用除了 IM，Voice Over，各种机动等功能之外，还提供了三个主要功能：媒体板、幻灯片共享和贴纸帖子。同时要指出，提供的这些功能不能说是很新颖，但 SAP 的 CSR 志愿者和 Hao2 本身之间的协作工作是一种崭新的合作模式。这可能会是 SAP 这样的公司和外部合作研发的新途径。

（二）虚拟现实技术应用于消防安全

当今科技飞速发展，火灾情况的复杂度也在逐渐提高，这就需要人们在日常的演练中以实际为导向，根据实际情况的需要进行有针对性的演练，使演练更加接近真实场景。虚拟现实技术给人们的仿真训练提供了一个可贵的渠道。虚拟现实技术可以对真实场景进行复原，让模拟的环境尽量逼真，达到与真实演练一样的效果，还可以减少对人员和金钱的投入，一举两得。依照真实场景中需要怎样的技能，在演练时进行重点演练，增强针对性，对于突然发生的火灾要有足够的心理准备，对消防技能的应用要得心应手，消防部队要实现团队协作，保障日常演练的高效率。

在以往的火灾现场，工作人员会遇到很多必须使用专业技术才能成功处理的案例，因为单单使用人的眼睛和思维是很难进行判断的，此时人们需要利用先进的科学技术加以帮助，如虚拟现实技术。工作人员可以成功运用虚拟现实技术，创建能够使人们信服的、有着充分科学依据的模型，而虚拟现实技术也可以较完整地分析火灾发生的原因，其根据则是该技术所使用的一系列先进的科学技术成果。工作人员使用了虚拟现实技术，可以更加准确地判断火灾发生的原因，同时虚拟现实技术也能够为意外事故提供现场证明。

（三）虚拟现实建筑安全教育系统

虚拟现实建筑安全教育体验系统大大降低了投入演练的时间成本，提高了宣传培

训的效果，并且打破空间的限制，方便组织人员随时随地进行建筑安全培训。让体验者能沉浸式体验建筑安全区的每个项目，还可以开展消防安全、地震安全、交通安全、公共安全、校园安全、工业安全、建筑安全等多种安全教育。作为一种新型的安全教育方式，虚拟现实安全体验馆打破了传统的被动式培训，让作业人员能够感受施工过程中可能发生的各类危险场景，从而亲身感受违规操作带来的危险，积极主动地去掌握安全操作技能，提高安全意识，进一步提升建设质量。改变以往的"说教式"教育创新为"体验式"教育，更能体现出人为本、安全发展的理念，虚拟现实让虚拟与现实融合，完成最安全的"危险"教育课程。

虚拟现实安全体验系统内容包括新手指导营、安全事故体验区、虚拟现实交互式安全体验区等。

（四）虚拟现实与地铁防灾决策系统

地铁的运输量将大幅增加，地铁乘客的人员构成比较复杂，如何降低灾害的发生和减少灾害发生后的损失是一个重要的课题。

虚拟现实与地铁防灾决策系统重点在于对地铁内部易发生灾害部位的研究、灾害发生后扩散的研究、灾害情况下人员疏散的研究。为灾害救援提供科学依据，为救援行动提供辅助决策支持，为灾害救援训练提供手段。

地铁防灾虚拟现实决策系统针对现有的地铁防火规范以及相关的其他应急实验数据多为根据演习和事件调查得到，其结果很难反映真实的情况这一问题，借助计算机工具，实现地铁火灾防灾的仿真模拟。针对地铁火灾的特点，通过对地铁火灾烟气流动特性、人员逃生特性的研究，并结合虚拟现实系统强大的用户交互功能，建立地铁火灾预案制作平台和用户平台，实现地铁火灾防灾的仿真模拟。

预案应用部分包括地铁及附近场所的基本信息（单位概况、周边情况、建筑布局、疏散通道、消防设施、重点部位、消防力量、联动力量、消防组织）、灾情选择、灾情评估、力量编成、二维部署、三维部署、二维供水、三维供水、动态演示等，还可以对不同位置和类型的火灾进行模拟计算。同时开展了人员逃生特性及逃生模块研究，建立了地铁火灾数据库，最终实现能对不同火灾情况进行实时、准确、真实的仿真。虚拟事件处理，可以针对灾害情况部署人员撤离行动三维虚拟演习。

（五）虚拟现实在医疗领域的实践

虚拟现实真的来了。仅考虑医疗保健领域，它的潜在应用价值都是巨大的。多年来，科学家和医学专家一直致力于开发、研究虚拟现实，以利用虚拟现实的方法来帮助他们诊断病情、治疗患者及培训医务人员。

许多虚拟现实技术已在临床实践中得到应用。当然，随着虚拟现实技术的不断发展，这些方法也在不断地发展完善。下面介绍几种已应用于实践的案例。

1. 暴露疗法

暴露疗法是治疗恐惧症的方法之一。用虚拟现实技术为患者创建一个可控的模拟环境，使患者可以打破逃避心理、面对他们的恐惧，甚至还可以练习应对策略。所有的这些都归功于虚拟现实技术的运用—模拟的世界是私人设置的、安全的，可以人为轻松地停止或重复。

2. 治疗创伤后应激障碍

类似于暴露疗法可用于治疗恐惧症、焦虑症，虚拟现实也可用来治疗士兵的创伤后应激障碍（PTSD）。诊所和医院使用虚拟现实技术模拟战争，帮助退伍军人重复体验他们经历的创伤性事件。在安全、可控的虚拟环境中，他们可以学习如何处理危机，从而避免危险的发生，保护好自己与他人。

3. 止痛治疗

对于烧伤患者来说，疼痛是一个不得不面对的问题。医生希望通过虚拟现实来分散患者的注意力，采用分心疗法来帮助他们处理疼痛。华盛顿大学推出了一款虚拟现实的视频游戏 Snow World，在游戏中，患者可以向企鹅扔雪球，听 Paul Simon 的音乐，通过抑制疼痛感、阻碍大脑中的疼痛通路来减轻治疗过程中的疼痛，如伤口护理、物理治疗等。

4. 外科培训

外科医生在接受培训时通常要与尸体打交道，他们在接手手术任务或者在手术中担任更大角色之前，必须要经历一个不断积累经验、循序渐进的训练过程，虚拟现实技术可以通过虚拟手术现场，使外科医生能够身临其境地模拟手术过程，对真正的病人没有任何风险。

5. 幻肢疼痛

对于失去肢体的患者，幻肢痛是一个常见的医疗问题。比如，有些没有手臂的人会感觉自己一直紧握着拳头，无法放松，而很多幻肢痛比这更令人无法忍受。过去往往采用镜像治疗法来解决幻肢痛问题，让病人看看自己健康肢体的镜像，这样大脑就有可能与真实肢体运动和幻肢运动同步，从而缓解幻肢痛。

6. 对患有自闭症的年轻人进行社会认知训练

利用大脑成像和脑电波监测技术，用虚拟化身法让孩子处于工作面试、社交等情形之下。这能帮助他们了解社会的一些情况，使他们的情感表达方式更具有社会认可性，更好地加入社会。通过对参与者进行脑部扫描发现，完成培训项目后，与社会理解能力有关的大脑活动区域，其活力有所提高。

7. 冥想

冥想是治疗一般焦虑的方法之一。OculusRifl 的应用程序 DEEP 旨在帮助用户学习如何做深深的、冥想式的呼吸。虚拟现实体验就像是在一个水下世界，它利用贴附在胸部的环带检测呼吸，而通过呼吸，体验者可以从一个地方到另一个地方去，呼吸是这个游戏唯一可控制的变量，是决胜点。游戏的另一个好处是扩大了体验者的范围，人人都会呼吸，不会操纵杆或控制器的人也可以体验。

8. 眼弹钢琴

耳机制造商Fove集资创建了一个称为眼弹钢琴的虚拟现实应用程序，利用耳机的眼动跟踪技术让身体障碍的孩子用眼睛来弹钢琴。

（六）虚拟现实应用数据分析

随着内容的开发，越来越多的用户被各种体验吸引。因为它是一个相对较新的平台，内容开发公司将面临几个挑战。有些是由于该技术的新生性质，而其他的则与传统游戏和虚拟现实游戏体验之间的显著差异有关。

首先最重要的是，内容开发者负担不起奢侈的长周期开发。策略是先推出一个体面的产品，然后在消费者反馈的基础上进行改进。如果你致力于长周期开发，为内容预测用户的每一个需求，那么你将面临失去市场认可和收入确认的风险。

为了做出最佳决策，开发者总是在寻找能给自己提供有洞察力信息的分析。例如，如何通过大量"凝视数据"理解用户参与并且抓对重点。在虚拟现实中，视觉通知可能会被忽视。捕捉这种类型的设计缺陷，其他虚拟现实设计问题已经很难分析。虽然在这个平台上测试很难进行，但它将发挥非常重要的作用，推进虚拟现实发展。该小组必须确保在环境中的每个场景和可能的位置维持一致的帧速率。

三、从学术到虚拟现实技术创业

在虚拟现实元年，涌入该行业创业的人数不胜数，但真正掌握核心技术的人不是很多，因为获取独创的核心技术是需要较长时间，而且需要长期专注于一个领域的研究。

叠境数字主要专注于光场采集和成像技术的研究和产品化，为优质的虚拟现实和增强现实内容制作提供一套完整的光场解决方案。市面上主要有两类虚拟现实和增强现实的内容：一类是用计算机建模软件和CG的方式制作，具有立体感和沉浸感，但画面不真实；另一类是拍摄的普通360°全景视频和图片，画面真实，但缺少立体感和沉浸感，也无法产生真实的互动。这两类内容的虚拟现实、增强现实体验都不太好，而他们的光场技术能完美地解决这个问题，既有立体感和沉浸感，又保留了画面的真实，真正还原现实中人眼所见的场景。针对B端的需求，已经推出了专业高清的光场采集和处理系统以及解决方案，在虚拟现实和增强现实的影视、购物、直播、教育、医疗、展览展示方面已经开始内容的制作和相关的合作。针对C端的用户，也将光场相关的采集和显示技术同各硬件品牌厂商合作，以技术授权和合作开发等方式共同推出光场类的虚拟现实和增强现实头盔、光场摄像机等消费类电子产品，使消费者可以自己拍摄和享受优质的虚拟现实和增强现实内容。与此同时，建立虚拟现实和增强现实的内容平台，以B端的3603D直播、光场拍摄系统、内容解决方案和C端的光场头盔、光场摄像机作为切入点，围绕虚拟现实和增强现实内容平台，不断丰富和分发优质的虚拟现实和增强现实内容，打造一个完整的"光场虚拟现实和增强现实生态链"。

从学术角度看，虚拟现实和增强现实行业的发展还处于初级阶段。虽然有大量的虚拟现实和增强现实设备出现在市场上，像Facebook、HTC、微软、索尼这样的大公司也都相继推出了自己的产品，但是效果距离真正希望看到的虚拟现实还有一些差距。从技术层面看，虚拟现实和增强现实的发展有两个问题需要解决：一个是内容的产生，另一个是价格。很多头盔设备实际上做得已经很不错了，但是只有设备还不行，需要有大量的成熟而有意思的内容才能向用户普及虚拟现实和增强现实的概念。光场虚拟现实技术的研究就是为了产生逼真效果的虚拟现实和增强现实内容。另一个问题是价格，各种虚拟现实头盔和增强现实眼镜价格和消费者的预期相比还是较高，随着技术的发展和资本的投入，虚拟现实和增强现实距离真正的大规模商业化就不远了。

创新创业除了核心技术之外，管理和运营也很重要，从学术研究到创新创业之间，可能会遇到一系列困难。学术研究和创新创业确实是两件不同的事情，学术研究关注的重点是怎么攻破一个又一个的技术难题，但创新创业不只是解决技术难题，更多的是要知道市场和用户的真正需求在哪里，把握市场的脉络，将先进技术变成用户真正需要的产品，在这方面也要一直花大力气摸索和尝试。

个人拥有的计算平台从最开始的个人计算机，慢慢发展为笔记本计算机，到智能手机和平板电脑已经非常普及，几乎人人都有一台智能手机，深入人们生活的方方面面。人机交互的方式也从键盘鼠标这样的抽象设备，慢慢转变为手势操作、语音输入等。虚拟现实则会彻底改变人们与计算机的交互方式和交互效果。虚拟现实能够给人们带来沉浸式的体验，人们可以和虚拟世界中的物体进行互动，就像日常生活的方式一样；还可以和处在同一个虚拟世界中的另一个人进行交互，形成一个虚拟的交互空间；也可以把虚拟的世界叠加到真实的世界，形成增强现实，或者把真实的物体放入虚拟的环境，形成混合显示。这一切将会改变人机交互的方式，未来虚拟现实将会发展成为一种新的、主流的计算机平台。

四、虚拟现实改变创业理念

网络内容创业者Amy顺利拿到了青岛高新区第一家虚拟工作室营业执照，这是虚拟现实创业区别于传统创业理念的一个重要标志。

作为经济发展的新业态、新模式，网络内容创业者虚拟工作室注册在高新区并在高新区缴纳税收，而具体经营地点分散在全国各地，具有创新能力强、营业收入高、占用资源低、产生效益高等特点。网络内容创业者落户有助于高新区加快新旧动能转换、培育新的经济增长点，并对高新区的文化创意产业发展起到带动作用。

BBC也是在虚拟现实的影响下改变创业理念，专门成立了虚拟现实制作工作室BBC虚拟现实Hub，新的部门将与BBC节目制作人和数字专家紧密合作，将在未来创建不同类型的虚拟现实内容。研究显示，如果高质量的内容一直很少，虚拟现实的体验一直很烦琐，那么主流观众是不会使用虚拟现实的。虚拟现实制作工作室有巨大的发展空间，要关注一小部分拥有广泛、主流影响力的作品，目标是着力打造具有较高影响力和广泛吸引力的节目，不求最多，但求精良。

例如，虚拟现实纪录片《筑坝尼罗河》向观众讲述了这个颇具争议的水利项目。在这部新闻纪录片中，观众既可以鸟瞰尼罗河的现状，又能看到该拟建基础设施逼真的效果图及其对周围环境的影响。虚拟现实工作室将沉浸式感受和引人入胜的画面融为一体，新的讲述方式配以相关的地理环境和视角，让观众正确理解其中的原因，成功地解决了"筑坝尼罗河"这一有争议的难题。虚拟现实工作室知道剪辑、创意与技术是密不可分的，团队是需要一个多学科团队，所有人都有能力将技术与创意完美结合。

无论多么优秀的创意或者创业点子，都需要另一个东西的帮助，那就是时机。有人说比错误更糟糕的，就是没有把握好时机，过早地出现。虚拟现实就是为许多行业应用和创业提供了很好的理念和创业时机。

下面简单介绍虚拟现实技术在心理学、教育、娱乐等方面的应用，从中间应该可以发现创业机会和创新理念。

（一）强化凝视

如果我凝视着你，你的心跳会加速，你会记住更多我所传达的内容。但要同时与200人保持眼神交流几乎不可能。虚拟现实的魅力在于，用户可以通过计算机，将虚拟化身显示在每个学生的显示屏上，与每个学生都可以进行眼神互动交流，觉得一直凝视着自己。通过对几百名学习者做过试验的结果显示，如果学生认为他（她）一直是老师目光的焦点，他听课会更认真，成绩也会相应地得到提升。

（二）动作和相貌模仿

心理学家认为一个人的受欢迎程度与他（她）的模仿能力成正比。例如，在面试中模仿面试官的姿势、动作，对方会更喜欢你。如果我要模仿你们，只能选择其中一人的动作来模仿，但虚拟现实可以改变这一状况。创建一个老师的虚拟镜像，计算机会根据每个学生的动作创造出一个与学生的相貌及行为举止更为类似，更具亲和力的老师，让学生觉得老师跟自己相像，从而更认真地听讲。同样，人们对于相貌更像自己的人也更有好感。

（三）身份的转变

一个人走近一面虚拟镜子，看到了他的化身，发现镜中的自己是一名白皮肤男性。这时突然有人按下按钮，镜中的形象变成一名黑皮肤女性。这种虚拟化身与本体的不一致对他将有何影响？我们知道有个词是"设身处地"，如果你和某人有类似的感觉，你的"同感"心理反应会更强。

（四）美丽的化身

社会心理学家发现，有魅力的美丽女孩通常自信、外向，求职成功率也更高。在虚拟现实中，美丽唾手可得，每个人都可以拥有完美的化身。当你的化身是美女时，你在上前与他人交流时会站在一个离对方相对较近的地方。此外，你的讲话方式、语音语调、词汇的选择，都会因为你的虚拟化身而发生变化。美丽的虚拟化身能激发你的信心。

（五）高大的化身

在现实世界中，一个人的地位高度通常与收入、信心成正比，这是一种重要的社会暗示。在虚拟现实中，高大的形象也唾手可得，它甚至会影响你的现实财务状况。

那么这种美丽和高大的感觉会持续多久，有的人摘除头戴式设备回到现实后，虚拟现实仍会持续对他们产生影响。拥有美丽虚拟化身的女孩在现实生活中会更加积极地参与各类社交活动，拥有高大虚拟化身的男性在现实世界里也会变得更为自信，拥有更强的领导能力。

（六）同理心和利他主义

在虚拟现实中，如果你的化身是视觉障碍者或残障人士，你会体会到各种不便，也会更加了解这些人的不易。对这种角色的扮演会提升你的同理心。而且人们在虚拟世界中更愿意帮助别人。

（七）环境保护

人类的特定行为所造成的结果无法立刻呈现在人们面前，如气候变化。然而如果使用虚拟现实技术进行模拟，无形的事物，如碳分子就可以变成有形的，给人一种更直观的感受。在美国，厕纸通常是不可循环再利用的。为了减少这类纸张的使用率，做了一个实验，将测试对象分为三组：第一组成员拿到了一篇纽约时报的文章，讲述的是伐木的场景；第二组成员在视频上看到了树木砍伐的过程；第三组成员在虚拟现实中身临其境地体验了砍树的过程。一段时间后，对这三组成员进行了后续追踪调查，其中第三组成员的用纸量下降了20%，而其他两组成员的行为基本没有改变。所以虚拟现实技术在一定程度上有助于加强人们的环保意识。

（八）养老金产品

虚拟现实技术可以让一名20多岁的年轻人看到自己被老化处理后65岁的样子。当年轻人看到栩栩如生的老人形象后，会开始考虑应该如何为今后舒适的晚年生活做准备。"人脸退休"产品也是为了改变人们的观念。

（九）减肥产品

用虚拟化身来改变行为在健康领域同样适用。肥胖已成为一种流行病，很多人都知道不运动、饮食不健康的生活习惯不对，但却难以改变。在虚拟现实中，你做三次抬腿运动，就会明显发现自己的化身轻了一磅。之前可能你不相信自己能做到，但虚拟化身给你的感觉是，只要我运动，我是真的可以瘦下来，这就是社会认知理论中的"自我效能"概念。

（十）体验式学习

如何提升学生的学习效率是老师们一直在思考的问题，可以通过改变老师的虚拟化身来实现这一效果，这里讲的是建构主义，即"做中学"。比如老师今天讲物理学中的重力章节，可以让学生在虚拟现实中往深坑跳下去，真真切切地去体验和感受重力。如果小孩想探秘海底动物之间的关系，可以通过虚拟现实创造出一片海洋，让孩子们在海底畅游，去探索海底动物关系及海流变化等。这种学习体验是非常棒的。

总之，从表面来看，虚拟现实提供的仅仅是一个虚拟空间、一种新的交流和体验媒介，但与别的技术结合之后，就能做到很多以前做不到的事，开拓一片完全不一样的新天地。

五、虚拟现实存在问题也是创新创业的机会

虚拟现实还存在着一些问题，但是这些问题其实正好也是创新创业的机会，如果创业者能够围绕这些问题开展工作，甚至解决了问题，那就一定打造一片创业空间。具体的问题有以下几方面：

（1）移动性不高，还存在一些技术上的漏洞，比如某些消费者下载完插件、在等待载入产品的过程中跑出去喝了一杯咖啡，然后回来发现计算机出现蓝屏。

（2）虚拟现实和虚拟现实技术还很难说服人们在台式计算机、笔记本式计算机、平板电脑和智能手机之外，再购买额外的头戴式显示器。

（3）存在延退、显示、安全、医疗隐私和其他方面的挑战。

（4）无线连接与头戴式显示器的普及程度。头戴式显示器要想真正腾飞，必须要解决无线连接问题。更快的Wi-Fi或蜂窝技术连接能满足头戴式显示器所需的大量数据传输，将成为确保头戴式显示器大规模普及的重要保障。另一方面，新的压缩技术也能加快无线连接传输速度。

（5）晕屏（看屏幕时有恶心、眩晕的感觉）是一直最需要解决的问题，因为在过去已经改进了很多，但是还是没有彻底解决。

（6）电池技术是确保头戴式显示器移动性的关键瓶颈。快速充电是一个中长期解决方案。

（7）价格降低是硬件普及的关键因素。

（8）虚拟现实内容不够丰富，而且浏览量极低。一个重要原因就是，消费者浏览时需要下载JAVA虚拟机插件。

（9）消费者反映网速不畅导致操作体验很差。每个产品展示的文件包容量大概在几十兆字节甚至数百兆，5G的到来应该可以解决这个问题。

虚拟现实行业的内容当中，游戏是整个虚拟现实行业中最重要的细分领域，其次

便是视频。虚拟现实视频还处于基础阶段，但随着技术进步，将来全景3D必将成为视频的主流。上述痛点都是虚拟现实创新创业的重要机会和突破口。

第三节　虚拟现实技术创业者的特点

一、虚拟现实硬件和基础产品创业者面临的严峻考验

国内虚拟现实创业曾经风靡一时，无数国内虚拟现实创业者一时间如雨后春笋般涌现，撑起了大半个虚拟现实市场。

作为一个技术整合型产业，虚拟现实行业的硬件厂商绝大多数没有技术基础，很多国内虚拟现实创业公司基本都是和几家固定的上游零部件提供商合作，全行业都在等待高通骁龙芯片的升级，这和手机行业有几分相似。

这样的行业现象，一方面导致国内虚拟现实创业公司的硬件研发无法自己掌控节奏；另一方面，无形中拉高了硬件成本。高昂硬件成本的另一面，是稀缺的内容资源。

有些国内虚拟现实创业公司只在手柄大小上进行了调整，而有的公司则采用了个性的差异化设计，直接导致游戏的使用习惯不同，许多Steam平台的游戏无法操作。另一方面，产品宣传上也存在欺骗行为，虚拟现实沉浸体验最重要的一项指标视场角，并没有某些公司宣称的110度，只达到90多度。这种虚假宣传在虚拟现实行业不在少数，几乎成了全行业的"潜规则"。

而当有限的技术基础搭上了薄弱的研发团队，几乎成了虚拟现实行业的一场灾难。有的主打硬件的国内虚拟现实创业公司，全公司100多人，从事硬件研发的却只有5、6个人，并且其中没有专业的虚拟现实研发人员，基本都是新人招进来先培训再操作。这样的结果就是，一开始连哄带骗拉拢的投资人转身离开，创业公司陷入缺技术和资金的双重瓶颈。

国内虚拟现实创业公司首先要考虑生存下去，生存下去首先要考虑融资，这几乎成了创业公司讲故事的一个正当理由。伴随着这些凭借着"讲故事"发家的国内虚拟现实创业公司相继衰落，那些真正依靠技术和创意发展的国内虚拟现实创业公司才能有更加广阔的发展空间。

虚拟现实行业缺乏统一的标准。虽然Coogle意图在虚拟现实领域再造一个统一的系统平台，但上线日期与其他企业是否买账仍是未知数。不同的标准，不同的接口，实际上对于开发者来说也是一个巨大的门槛，一旦选错了技术方向，后果可能很严重。

虚拟现实市场不断有巨头加入，初创公司也不断拿到融资，这期间会存在巨头与初创公司的混战，内容与硬件的胶着。虚拟现实已经成为全球企业的下一个战场，只

不过各自都还处在"圈地与备战"状态。

虽然各大企业抢占入口的动作让人们闻到了一丝火药味，但正如每一场战争背后都有一个真正目的一样，虚拟现实这场战争首先是培育市场，吸引大众的关注。显然这也是一个痛苦的过程，在还没有真正看到虚拟现实的春天前，可能一大批硬件和软件公司就已经倒闭。

二、虚拟现实技术应用创新创业需要合纵连横

在20世纪90年代，曾有一批游戏公司掀起过一股虚拟现实设备的浪潮，但由于设备本身与行业的局限以及过于高昂的售价，受当时的运算能力与设备的影响，这一领域一直默默无闻，并在很长的一段时间内在消费领域毫无建树，应用场景多在企业级市场，规模也非常小。最终那股虚拟现实的热潮最终宣告失败。如今随着计算机芯片运算能力的飞速发展，以及移动智能终端的普及，虚拟现实领域似乎正迎来一次重要的发展拐点。

虚拟现实技术应用创新创业需要硬件产品的支撑，还要有精彩的、不断推陈出新的内容支持，更需要结合一个很好的行业应用场景，所以需要合纵连横，开拓新的发展空间。这个领域最广为熟知的硬件产品是头戴显示头盔，大致上可以分为PC端虚拟现实和移动端虚拟现实两类。PC端的代表有Oculus Rift、蚁视头盔、UCglasses等，移动端的有Google Cardboard、Samsung Gear虚拟现实、暴风魔镜等。此外，围绕内容制作、应用开发、影视制作、游戏开发、周边设备等领域均有公司涉足，并在逐步形成一个完整的生态链。

从整体来看，大企业大刀阔斧加紧布局，小企业精耕细作加紧进入。谷歌开发虚拟现实版Android系统。微软也发布了虚拟现实技术Holograms和对应设备HoloLens并且在推广上不遗余力，所有Windows10系统中都将内置Holograms API，微软还将把Xbox游戏移植到HoloLenS VR头戴设备中。此外，索尼公司宣布了为PS4游戏机而造的虚拟现实头戴设备"Project Morpheus"，HTC与游戏公司合作推出HTC Vive头盔，三星与Oculus Rift合作提出Gear虚拟现实头盔。国际巨头的这一轮布局，并且看起来似不约而同地意图抢先占领人口，搭建起各自的业务平台。我国各级政府相继出台了多项VR虚拟现实相关政策，继续提升对虚拟现实技术研发、产品消费、市场应用的支持力度，虚拟现实产业进入政策红利释放期。虚拟现实产业资本市场平稳复苏，国内外融资差距大。AR开发平台持续发力，VR+5G形成典型案例，围绕重大赛事活动的"VR+"应用加速落地，"VR+"虚拟现实应用将在广播电视领域优先爆发，VR直播、虚拟课堂培训、VR内容创作等应用进一步普及。

巨头林立没有吓住有激情的创业者们，在一定程度上，反而坚定了他们对虚拟现实技术的信心。创业者们可以围绕虚拟现实产业链，在各个细分领域精耕细作。在国内的虚拟现实市场上，不同类型的公司正在不同的虚拟现实领域切入。在游戏领域，

除了完美世界等游戏开发商宣布开发虚拟现实游戏外，也有一大批初创团队如超凡视幻、Nibiru、银河数娱等在跟进；在内容分发领域，有暴风魔镜App、Dream虚拟现实助手等产品；周边设备领域也出现了Virtuix的Omni体感跑步机、蚁视体感枪、诺亦腾的全身动作捕捉设备等。

这是个机遇与挑战并存的年代，好的点子正在一点点被挖掘出来。例如在NBA的总决赛时，一个场边座位可以达到售价3万美元之高，而Oculus Rift和其他虚拟现实厂商正开发一项可以创造无限座位的技术，这样可以让运动提供商售出无限个"相同"的场边座位。我国首家用虚拟现实技术应用于咖啡厅的建设平台——虚拟现实创客体验中心落户天津市北辰区河北工业大学科技园。该中心运营团队由多位欧洲回国创业的高科技人才组成，长期致力于运用计算机现代新信息科学技术手段，用计算机虚拟现实技术将现实空间数字化、多维化、可视化，从而达到智慧应用和智慧管理，虚拟现实创客咖啡体验中心便是将此技术应用到实际中。小小的咖啡厅里，创业者可体验到10多项高科技成果的展示与互动，包括裸眼3D技术、空间投影技术、人机交互技术、投影融合技术、三维建模技术、大数据分析技术、全息投影技术、增强现实技术、局部物联网技术、可视计算技术、模拟演播技术等。另外，在商用领域，如军事、医疗、航天、教育等领域，国内对于虚拟现实技术的需求也一直存在，并且愈来愈大。

对于创业而言，很多时候不去尝试，就连失败的机会都没有。在与创业者交流的时候你会发现，与20年前的那波浪潮不同，这一波虚拟现实创业潮在定位与分工上更为明确，也更加理性。

全球围绕人工智能和虚拟现实的竞争日趋激烈，中国在关键技术和产业运用等方面取得突出成果。在虚拟现实领域，虚拟现实+医疗、虚拟现实+教育文化、虚拟现实+广电制造以及大众消费领域中大量应用，正在将虚拟现实带入各行业和寻常百姓家。

三、虚拟现实创新创业大赛大浪淘沙、适者生存

在中国创新创业组委会办公室指导下，中国电子信息产业发展研究院、虚拟现实产业联盟、国科创新创业投资有限公司等单位共同举办的中国虚拟现实创新创业大赛。虚拟现实是一个综合性很高的行业，涉及光学、脑科学等关键技术，与人工智能等新兴技术的融合，以及对B端生产方式和C端消费者生活方式的变革。从比赛的参选项目来看，虚拟现实整体水平进步很快，应用前景可观。

大赛对行业发展有两个层次的意义：一是加速社会各界对虚拟现实、增强现实的认知过程；二是为初创企业提供推广技术、产品、解决方案的渠道，加强他们与用户、投资者、地方政府的联系，为这些企业的市场拓展打下良好基础。本届大赛还引入了大小企业对接机制，联合百度、阿里巴巴、华为等企业，举行若干场项目对接沙

龙。北京大学首钢医院、北京易华录信息技术股份、中国平安保险北京分公司等企业现场发布项目需求，部分参赛企业已经与项目发布方成功签约，达到"大企业带小企业""比赛带项目"的预期效果。参赛的优秀企业和团队将有机会被推荐给国家中小企业发展基金设立的子基金、中国互联网投资基金等国家级投资基金。大赛合作单位也会为优胜企业提供融资担保及融资租赁服务。赛事结合中小企业和创新团队需求，为中国虚拟现实领域的创新创业者搭建成果展示平台、交流合作平台、产业共享平台。

我国创业公司在虚拟现实、增强现实领域十分活跃，部分技术参数和设计理念已走在世界前列，在交互技术、光场技术、行业应用领域取得突破。但是，创业公司普遍在人才引进、资本积累、管理能力上存在困难和不足，需要地方政府的引导和投资机构的支持。

虚拟现实、增强现实产业处于关键的起步阶段，举办中国虚拟现实创新创业大赛，既可以激励这些企业持续创新，让企业成为创新主体，又可以在比赛过程中发现好的技术、产品和优秀的人才，促进产业良性蓬勃发展。此次大赛将会把政府扶持、学术研究、产业实践更好地结合在一起，最终切实有效地推进虚拟现实产业的发展。中国虚拟现实创新创业设立的2亿元专项创投基金，百家投资机构，政府服务政策，创业公社专项服务礼包，都在找寻各位行业精英。大赛将会把政府扶持、学术研究、产业实践更好的结合在一起，最终切实有效的推进虚拟现实产业的发展。围绕业态调整、服务创新创业，中关村虚拟现实产业园将充分发挥"双创"的示范引领作用，掀起全国创新创业新浪潮。

从底层技术来看，参赛企业研究领域覆盖光波导、建模成像、追踪定向、触觉/力学反馈、智能算法、晕动控制等多个节点，部分参赛企业持有数十项甚至上百项专利，在细分领域的全球竞争中处于领先地位。着眼虚拟现实与人工智能、5G、物联网、云计算等新兴技术的跨界融合，参赛企业形成了警务增强现实眼镜、虚拟现实边缘云直播等落地产品，在脑波交互、视障辅助等前沿领域也实现抢先布局，推动虚拟现实/增强现实从部分沉浸向深度沉浸转变。

从软硬件创新来看，参赛企业展示了虚拟现实/增强现实眼镜、3D终端、全景相机、追踪交互设备等硬件产品的创新成果，并针对大视角与小型化难以取得工艺平衡的问题，对光学模组、参考设计、扩展接口进行优化，产品逻辑更加清晰，商业化进程加快；软件领域也涌现出虚拟现实课件编辑器、增强现实在线制作平台、Avatar交互系统等软件作品，多家企业持有软件著作专利。

从应用生态来看，参赛项目涉及医疗服务、工业制造、石油化工、地产建筑、教育培训、文化旅游、广告零售、警务安防、城市管理、游戏应用、影视传媒等多个领域的虚拟现实方案，部分企业已实现千万元级别营收。同时，参赛企业深度挖掘虚拟现实应用场景，推出了线下商场增强现实导航、景区虚拟现实自助设备等细分市场，推动虚拟现实的大众化普及。

中国虚拟现实创新创业设立的2亿元专项创投基金、百家投资机构、政府服务政策、创业公社专项服务礼包，都在找寻各行业精英。围绕业态调整、服务创新创业，中关村虚拟现实产业园将充分发挥"双创"的示范引领作用，掀起全国创新创业新浪潮。

从底层技术来看，参赛企业研究领域覆盖光波导、建模成像、追踪定向、触觉/力学反馈、智能算法、晕动控制等多个节点，部分参赛企业持有数十项甚至上百项专利，在细分领域的全球竞争中处于领先地位。着眼虚拟现实与人工智能、5C、物联网、云计算等新兴技术的跨界融合，参赛企业形成警务增强现实眼镜、虚拟现实边缘云直播等落地产品，在脑波交互、视障辅助等前沿领域也实现抢先布局，推动虚拟现实、增强现实从部分沉浸向深度沉浸转变。

从软硬件创新来看，参赛企业展示了虚拟现实和增强现实眼镜、3D终端、全景照相机、追踪交互设备等硬件产品的创新成果，并针对大视角与小型化难以取得工艺平衡的问题，对光学模组、参考设计、扩展接口进行优化，产品逻辑更加清晰，商业化进程加快；软件领域也涌现出虚拟现实课件编辑器、增强现实在线制作平台、Avatar交互系统等软件作品，多家企业持有软件著作专利。

从应用生态来看，参赛项目涉及医疗服务、工业制造、石油化工、地产建筑、教育培训、文化旅游、广告零售、警务安防、城市管理、游戏应用、影视传媒等多个领域的虚拟现实方案，部分企业已实现千万元级别营收。同时，参赛企业深度挖掘虚拟现实应用场景，推出了线下商场增强现实导航、景区虚拟现实自助设备等细分市场，推动虚拟现实的大众化普及。

总之，中国虚拟现实创新创业大赛秉承"政府引导、公益支持、市场机制"的原则，搭建虚拟现实产业共享平台，建立健全虚拟现实标准体系，凝聚社会力量支持虚拟现实领域中小企业和团队创新创业，支持我国虚拟现实产业健康有序发展。

四、来自虚拟现实创业者的声音

二次创业者冯鑫创立了暴风魔镜公司，开发的暴风魔镜可插入智能手机，这样会降低成本。他认为自己的企业还要投资一些做周边设备有技术的公司，也会投资游戏平台，内容团队也会选择合作与扶持，通过筹备虚拟现实领域的基金来投资内容公司；另外也在考虑线下体验，具体形式还未成形。因为最大的问题是用户不了解虚拟现实是什么。

一些游戏视觉公司创业者认为体验是核心，如果不从体验出发，可能只能让第一波尝鲜的用户买账，当人们试过、失望、觉得虚拟现实不过如此或者对虚拟现实产生误会，这时候可能也已经将自己以后的路断送了。从游戏内容的角度来说，人物的比例、高度、移动的速度、场景的大小、交互方式甚至场景色调等，这些因素都会从根本影响用户的体验。

虚拟现实是一个机会，它可以和各种各样的产业结合、可以轻松地跨越时间和空间的维度。当虚拟现实技术飞速进步时，你在做的一切都是从。到1的过程，就好像在创造一个新世界一样。

各公司自己对于方向的选择有时也会产生迷茫，因为大多数人在有限的资源下只能选择一个方向进行深度运营，如果当初选择虚拟现实，可能将直接面临和巨头竞争。

虚拟现实领域的硬件会先进入战国时代。没有产品和运营上很大亮点和实力的硬件团队会被市场挤压。而内容开发方面前期比拼的是创意和执行力。在虚拟现实用户量没有达到千万级之前，内容开发创业者会比较有空间来发挥自己的创造力，以做大自己的品牌并培养自己的用户群。未来期待虚拟现实相关可穿戴硬件会越做越好，越做越便宜，让虚拟现实真正走进千家万户，成为一个跟移动端可以媲美的大平台。

创业者都存在的最大的担忧可能是用户没有机会真正接触到好的虚拟现实体验。虚拟现实体验没法用言语描述，沉浸感的神奇也没有办法用数据来定量分析。如果市场前期，用户因为没有机会接触到虚拟现实体验而放弃了购买意愿，甚至因为体验到不好的虚拟现实而留下糟糕的第一印象，这个市场再要重新培育就很困难，

五、虚拟现实行业创业者的素质要求

伴随着虚拟现实行业的不断发展，越来越多的虚拟现实创业者开始活跃在行业内。但是很多虚拟现实创业者由于一些重要素质的缺失，使得自己的产品很难受到消费者的青睐。那么，虚拟现实创业者需要哪些重要素质。

（一）构思

当今的科技日新月异，用户设计（UX）就变得至关重要，虚拟现实创业者要确保给用户带来良好的体验。这一点在虚拟现实行业又显得更为重要，因为用户的互动是现实世界的一种反映。

（二）心理学

虚拟现实或许比当今的任何技术都更关注人的思想。这就为虚拟现实创业者们开辟了一个全新的领域来考察人类如何思考，并且它很可能是在这个行业取得成功的关键。

（三）沟通

大众很容易会被虚拟现实的大肆宣传所影响。但是有一点很重要，就是大多数对虚拟现实感兴趣的人可能还从来没有使用过头显设备。因此，通过交流来表达想法是必不可少的。

（四）实验研究

在虚拟现实行业还没有固定的成功范本。虚拟现实行业视野广阔，可以尝试实践无数的新思路。正因为如此，整个虚拟现实空间就是一个巨大的实验室，虚拟现实创业者可以尝试各种新颖的理念。

（五）节制

虚拟现实是在探索一个全新的世界。然而，这不代表虚拟现实创业者们要制作出过于复杂的东西，因为这会让大家用起来觉得很困难。从技术的角度出发，需保持产品简洁，不多此一举。

（六）远见

在构建虚拟世界时很容易坠入无底的深渊。所以虚拟现实创业者要关注虚拟现实领域的趋势，因为事物总是在不断变化的。能够稳定地掌握虚拟现实行业的状况，并灵活地开发自己的产品是很重要的。

以上便是虚拟现实创业者的六个重要素质。虚拟现实创业者虽然也是初步进入了虚拟现实行业当中，但是想要在行业内取得更加长远的进步空间，这些素质应该是必不可少的。毫无疑问的是，在这些素质基础上将会让自己的创业更加顺利。

参考文献

[1] 韩伟.虚拟现实技术VR全景实拍基础教程 [M].北京：中国传媒大学出版社，2019.10.

[2] 刘大琨.虚拟现实与人工智能应用技术融合性研究 [M].青岛：中国海洋大学出版社，2019.12.

[3] 项益鸣.模拟现实服务的虚拟服务技术继续使用意向研究 [M].杭州：浙江大学出版社，2019.08.

[4] 李榕玲，林土水.虚拟现实技术 [M].北京：北京理工大学出版社，2019.11.

[5] 王大虎，李秋艳.虚拟现实技术基础理论与应用 [M].延吉：延边大学出版社，2019.06.

[6] 谢建华.虚拟现实应用技术基础 [M].大连：大连理工大学出版社，2019.10.

[7] 韩虎.虚拟现实技术研究与应用 [M].长春：吉林大学出版社，2019.07.

[8] 王学文，谢嘉成.面向煤机装备的虚拟现实装配技术与系统 [M].北京：科学出版社，2019.10.

[9] 陶文源，翁仲铭，孟昭鹏.虚拟现实概论 [M].江苏凤凰科学技术出版社，2019.02.

[10] 薛亮.虚拟现实与媒介的未来 [M].光明日报出版社，2019.04.

[11] 魏国平.当代虚拟现实艺术研究 [M].北京：现代出版社，2019.06.

[12] 盛斌，鲍健运，连志翔.虚拟现实理论基础与应用开发实践 [M].上海：上海交通大学出版社，2019.07.

[13] 纪元元.虚拟现实环境中情感交互设计研究 [M].长春：吉林美术出版社，2019.07.

[14] 林秋萍，徐颖主.VR虚拟现实模型设计与制作 [M].北京：北京理工大学

出版社，2019.05.

［15］梁丰，张志利，李向阳．协同虚拟维修中体感交互控制技术研究［M］．西安：西北工业大学出版社，2019.12.

［16］杨加．数字虚拟艺术超真实表现研究［M］．北京：中国商业出版社，2019.07.

［17］胡小强，何玲，祝智颖．虚拟现实技术与应用［M］．北京：北京邮电大学出版社，2020.12.

［18］汤君友．虚拟现实技术与应用［M］．南京：东南大学出版社，2020.08.

［19］成新田，柴作良，赵巍．虚拟现实技术综合实训［M］．长沙：湖南大学出版社，2020.06.

［20］朱希玲，项阳，张旭．基于虚拟现实技术的机械零部件测绘实践教程［M］．北京：中国铁道出版社，2020.09.

［21］倪红彪，侯燕，李卓．虚拟现实技术研究［M］．西安：西北工业大学出版社，2020.01.

［22］金瑛浩．计算机虚拟现实技术研究与应用［M］．延吉：延边大学出版社，2020.06.

［23］胡文鹏．虚拟现实技术及其在高校教学中的应用模式研究［M］．延吉：延边大学出版社，2020.

［24］陈京炜．虚拟现实交互研究［M］．北京：中国传媒大学出版社，2020.09.

［25］姚寿文，王瑀，姚泽源．虚拟现实辅助机械设计［M］．北京：北京理工大学出版社，2020.07.

［26］谭昕．虚拟现实应用设计［M］．杭州：中国美术学院出版社，2020.01.

［27］田丰，华旻磊．虚拟现实（VR）影像拍摄与制作［M］．上海：上海科学技术出版社，2020.04.

［28］陈超．虚拟现实技术及其在应急管理中的应用［M］．武汉：华中科学技术大学出版社，2021.11.

［29］岳广鹏．人机交互变革时代虚拟现实技术及其应用研究［M］．北京：新华出版社，2021.10.

［30］刘英．多媒体技术与虚拟现实［M］．武汉：武汉大学出版社，2021.04.